RC-Helikopter richtig fliegen

Schritt für Schritt zum Flugerfolg

Thomas Riegler

RC-Helikopter richtig fliegen

Schritt für Schritt zum Flugerfolg

FRANZIS

Bibliografische Information der Deutschen Bibliothek

Die Deutsche Bibliothek verzeichnet diese Publikation in der Deutschen Nationalbibliografie;
detaillierte Daten sind im Internet über http://dnb.ddb.de abrufbar.

Satz & Layout: DTP-Satz A. Kugge, München
art & design: www.ideehoch2.de
Druck: GGP Media GmbH, Pößneck
Printed in Germany

ISBN 978-3-645-**65058-8**

Vorwort

Einen Hubschrauber fliegen zu lassen, zählt zur spannendsten und attraktivsten Variante, sich dem Hobby der Modellfliegerei zu nähern. Für ferngesteuerte Hubschrauber spricht vieles. Einerseits machen die mitunter sehr preiswerten Kompletsets den Einstieg ins Hobby leicht. Außerdem kann man Hubschrauber das ganze Jahr über an fast jedem Ort fliegen lassen – aber das will gelernt sein. Zum Erfolg gelangt man nur durch viel Fleiß und Üben mit System. Es sind mehrere Wochen einzuplanen, ehe man einen Modellhubschrauber soweit beherrscht, um mit ihm seine Bahnen am Himmel ziehen zu können. Dieses Buch vermittelt Ihnen alles Wissenswerte rund ums Thema Hubschrauber-Modellflug, liefert wertvolle Tipps und führt Sie Schritt für Schritt zum Flugerfolg. Dadurch gelingt der Heliflug nicht nur in kürzerer Zeit, Sie schonen so auch Ihr Portemonnaie. Denn jede Fehlfunktion ist für den Heli sehr gefährlich. Es treten deutlich schneller erste Schäden auf, als man vermuten würde – vor allem Rotorblätter sind gefährdet. Wenn Sie gleich am ersten Flugtag mehrere Rotorblättersätze „verbrauchen“, geht das richtig ins Geld. Helifliegen kann man aber auch deutlich preiswerter lernen, und die folgenden Kapitel sagen Ihnen, wie. Falls doch einmal etwas beim Fliegen zu Bruch gehen sollte, erläutert ein Kapitel, wie Sie Helikomponenten austauschen und reparieren.

Das Buch haben die Profis der Modellfliegergruppe Dölsach, die den Hubschraubermodellflug perfekt beherrschen, mit ihrem fachkundigen Wissen ermöglicht. Dafür an dieser Stelle herzlichen Dank. Mögen Ihnen die vielen Profitipps eine wertvolle Hilfe sein, damit Sie Ihren Modellhubschrauber problemlos und anspruchsvoll steuern können.

Viel Erfolg!
Thomas Riegler

MFG Dölsach
mfg-doelsach.ginds.net

Willkommen bei der
Modell Flieger Gruppe Dölsach

Weitere Informationen:
http://mfg-doelsach.ginds.net

Inhalt

1 Warum fliegt ein Hubschrauber überhaupt?

Für den Flug eines Helis sind die aerodynamischen Kräfte entscheidend, die beim Flugzeug noch leicht durchschaubar wirken. Durch einen Propeller oder ein Düsentriebwerk fliegt das Flugzeug nach vorne. Man spricht dabei auch vom Vortrieb. Den Auftrieb erzeugen die Tragflächen und heben so den Flieger in die Luft. Sie können diesen Effekt testen, indem Sie im Auto als Beifahrer/in bei höherer Geschwindigkeit den Arm aus dem Fenster halten. Drehen Sie dabei die Handfläche leicht nach oben, wird der Arm durch die Luft nach oben gedrückt. Das Flugzeug lässt sich mit Höhen-, Seiten- und Querruder sowie Klappen steuern.

Bei Hubschraubern erzeugen die sich drehenden Rotorblätter den Auftrieb, indem sie die Luft von oben nach unten drücken. Damit ersetzen sie quasi die Tragflächen eines Flugzeugs. Da die Anstellwinkel der Rotorblätter verstellbar sind, kann der Helikopter vor- oder zurückfliegen und nach links oder rechts zur Seite abdrehen. Durch den Rotor wird auch die Fluggeschwindigkeit geregelt. Damit übernimmt er die Aufgaben der Tragflächen, des Propellers oder der Turbine und sämtlicher Klappen und Ruder eines Flugzeugs. Hubschrauber sind sehr wendig und erlauben viele spannende Flugmanöver: Sie steigen und sinken senkrecht, fliegen vorwärts, rückwärts und seitwärts, drehen sich um die Hochachse und vieles mehr.

Da die Rotorblätter die Luft über dem Helikopter nach unten schaufeln, entsteht unter dem Hubschrauber ein Überdruck und über ihm ein Unterdruck. Beides lässt das Fluggerät in die Höhe steigen. Die Flughöhe hängt von der Menge der nach unten gepressten Luft ab. Bei geringem Luftpolster schwebt der Hubschrauber nur wenig über dem Boden. Je mehr

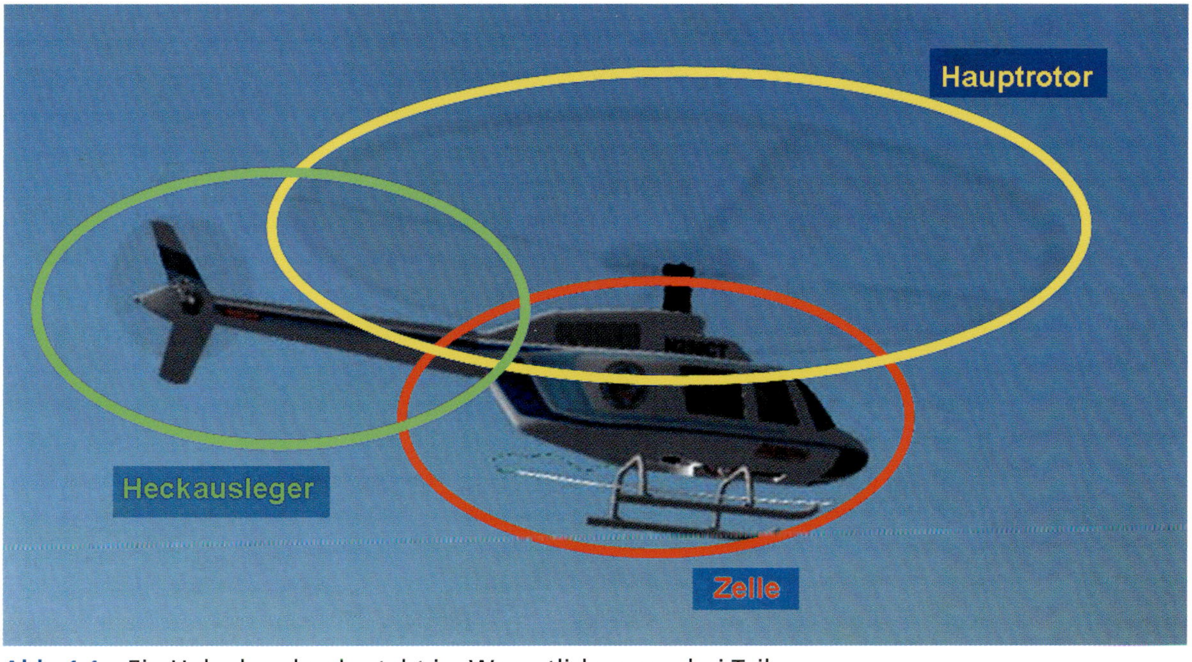

Abb. 1.1 – Ein Hubschrauber besteht im Wesentlichen aus drei Teilen.

dagegen Luft durch die rotierenden Rotorblätter nach unten gedrückt wird, umso größere Höhen werden erreicht. Wie das genau in der Praxis funktioniert, kann man an einem großen Modell beobachten. In der Startphase dreht sich der Rotor langsam und drückt so nur wenig Luft nach unten. Der Hubschrauber bleibt dabei am Boden stehen. Mit steigender Drehzahl wird irgendwann ein Punkt erreicht, bei dem sich das Gewicht des Helikopters und die unter die Rotorblätter gepresste Luft etwa die Waage halten. Dieser Betriebszustand ist leicht daran zu erkennen, dass das Fluggerät nicht mehr fest auf dem Boden steht, sondern anfängt zu „schwimmen". Je nachdem, wie das Modell eingestellt ist, kann es sich vor, zurück oder zur Seite oder in Kurven bewegen. Hat der Hubschrauber ein Fahrgestell, kann man ihn zur vorgesehenen Startposition fahren lassen. Modelle mit Kufen schleifen dagegen am Boden. Steigert sich die Drehzahl weiter, hebt der Heli ab und beginnt zu fliegen.

Abb. 1.2 – Kräfte, die auf den Hubschrauber wirken.

Abb. 1.3 – Die drei Linien zeigen die Achsen, in denen sich ein Helikopter bewegt und um die er sich drehen kann.

2 Alle Steuerfunktionen auf einen Blick

Beim RC-Hubschrauberflug benennen mehrere Fachausdrücke die einzelnen Steuerfunktionen. Dieses Kapitel stellt sie der Reihe nach vor.

Was bedeutet „RC"?

RC steht für „Radio Control", zu Deutsch Funkfernsteuerung. Unter RC-Modellen versteht man allgemein Profi-Equipment, das sich in Ausführung, Funktionen und im Preis erheblich von typischem ferngesteuertem Kinderspielzeug unterscheidet.

2.1 Steigen und sinken

Mit der Drehzahlregelung geben Sie, quasi analog zum Auto, Gas und steuern so die Drehzahl des Antriebsmotors und damit die Flughöhe des Modells. Das gelingt mit dem linken Knüppel der Fernsteuerung, indem Sie ihn stufenlos nach vorne und hinten bewegen (Kapitel 5.1). Im Gegensatz zu anderen Steuerknüppeln federt dieser nicht in die Mittenposition zurück. Ist der Knüppel ganz nach hinten gezogen, steht der Rotor still, sein Motor ist aus-

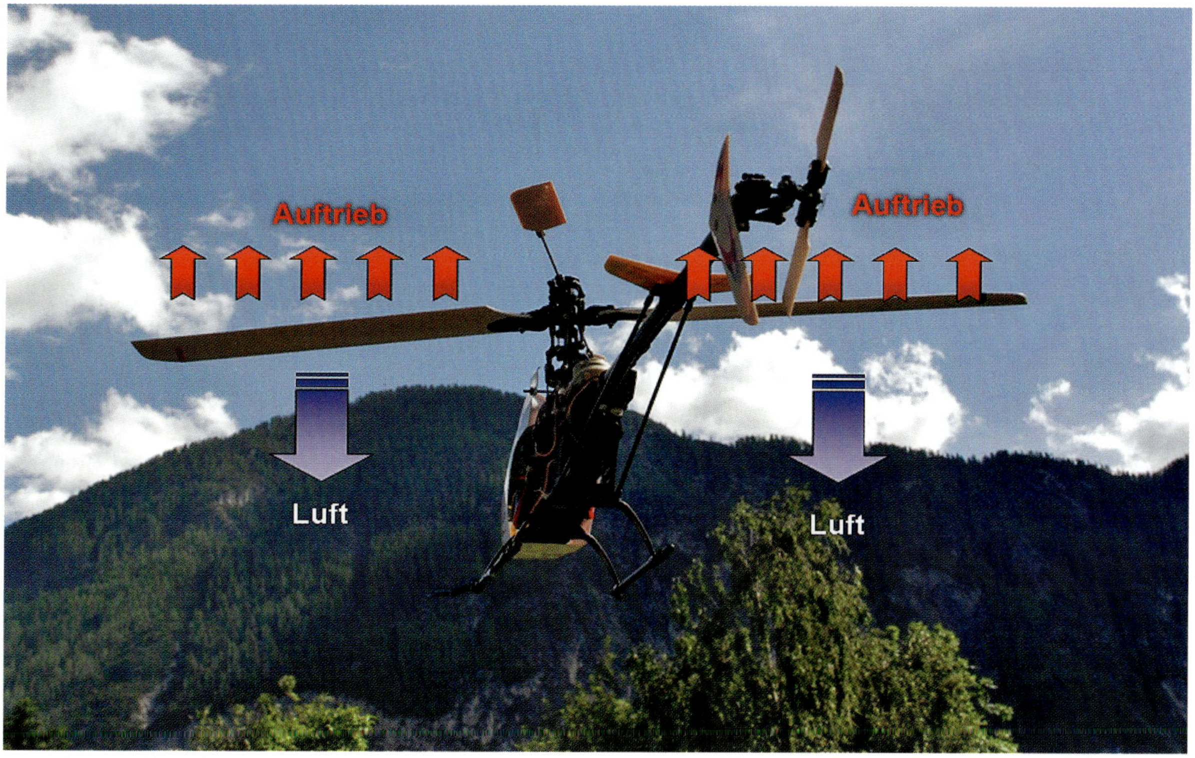

Abb. 2.1 – Je schneller der Rotor läuft, umso mehr Luft drückt er nach unten und umso höher fliegt der Hubschrauber.

geschaltet. Schiebt man den Knüppel langsam nach vorne, läuft der Motor an und der Rotor läuft mit zunehmender Drehzahl. Belassen Sie den Knüppel in einer beliebigen Position, bleibt die Rotordrehzahl konstant. Von der Drehzahlregelung ist mit dem Pitch der Anstellwinkel der Rotorblätter zu unterscheiden.

2.1.1 Fester Pitch und Kollektiv-Pitch

RC-Helis werden mit festem Pitch und mit Kollektiv-Pitch angeboten. Beim festen Pitch ist der Anstellwinkel der Rotorblätter fest eingestellt, die Flughöhe des Helikopters regelt allein der Antriebsmotor über die Drehzahl. Diese Art der Flughöhenregelung funktioniert zwar recht gut, ist aber ziemlich träge. Außerdem ändert sich ständig das Drehmoment des Motors. Modelle mit festem Pitch sind preiswert, da sie nur eine simple Mechanik und eine einfache Fernsteuerung benötigen. Beim Kollektiv-Pitch dagegen kann man mit der Fernbedienung auch den Anstellwinkel der Rotorblätter verstellen. Dadurch können Sie die Flughöhe direkter bestimmen und den Helikopter schneller in den Steig- oder Sinkflug versetzen. Drehzahl und Drehmoment des Motors bleiben dabei konstant, sodass diese Modelle leichter zu fliegen sind. RC-Helikopter mit Kollektiv-Pitch sind allerdings teurer und benötigen eine aufwendigere Mechanik und Fernsteuerung.

2.2 Vor- und zurückfliegen

Herkömmliche Flugzeuge fliegen nur nach vorne. Propeller oder Düsentriebwerk saugen die Luft von vorne an und pressen sie nach hinten, wodurch sich das Fluggerät nach vorne schiebt. Beim Hubschrauber übernimmt diese Aufgabe der Rotor, der für einen Vor- oder Rückwärtsflug geneigt sein muss. Soll der Helikopter nach vorne fliegen, muss man den Anstellwinkel oder Pitch für die Rotorblätter am vorderen Punkt des Rotorkreises verringern und am hinteren Punkt vergrößern. Dadurch neigt sich der Rotorkreis nach vorne. Da sich die Ansteuerung des Rotors immer am gleichen Punkt wiederholt, spricht der Fachmann auch von zyklischer Ansteuerung. Typisch für den Vorwärtsflug ist die nach unten geneigte Schnauze des Hubschraubers und das etwas nach oben gerichtete Heck. Der vorne auch nach unten geneigte Rotor leitet die Luft schräg durch die Rotorblätter und zeichnet so für den Vorwärtsflug des Helis verantwortlich.

Soll der Hubschrauber rückwärts fliegen, muss das Heck nach unten sinken und die Kabine entsprechend angehoben werden. Auch dabei steht der Rotor zur Längsachse betrachtet schief und leitet die Luft von hinten oben nach vorne unten. Da hinter dem

Abb. 2.2 – Pitchregelung eines RC-Hubschraubers.

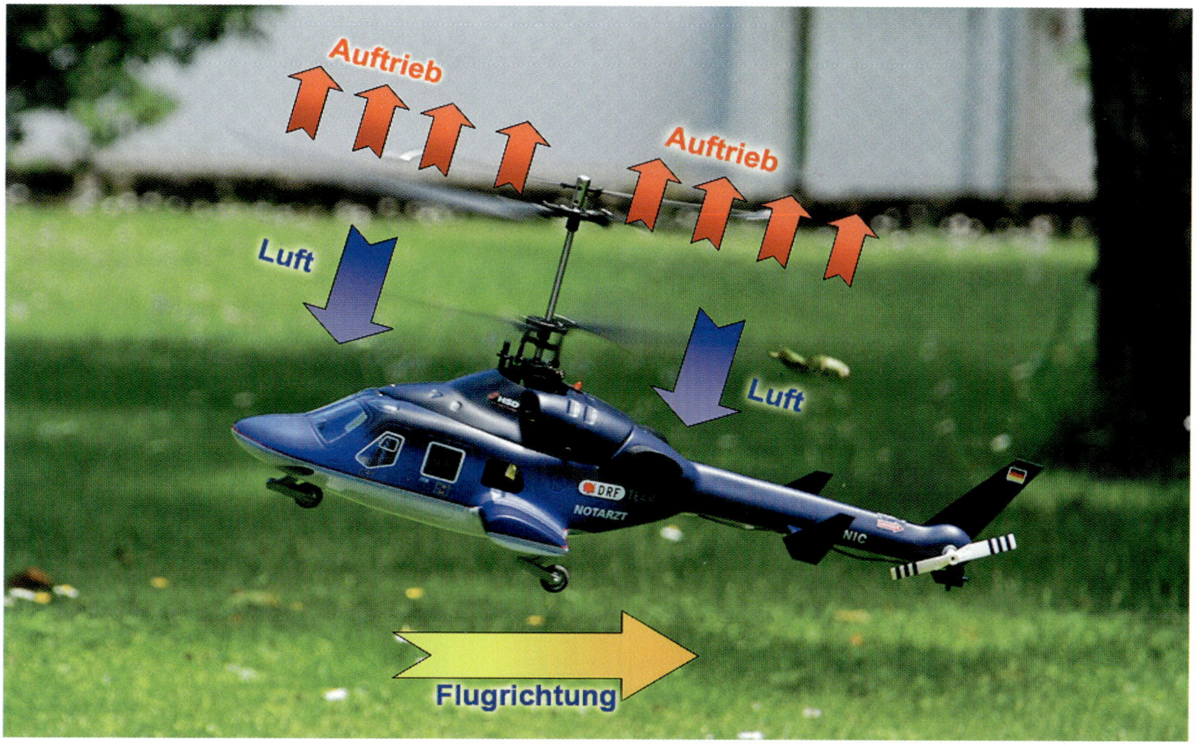

Abb. 2.3 – Um rückwärts zu fliegen, muss der Rotor nach hinten geneigt sein.

Abb. 2.4 – Für den Vorwärtsflug ist die Nase nach unten gedrückt.

Nickfunktion

Für den Vor- und Rückwärtsflug, oder anders ausgedrückt für die Drehbewegung entlang der Querachse, gibt es ebenfalls einen Fachausdruck: Nick. Bei der Nick- oder „Höhenruder"-Funktion neigt sich der Rotor an seiner Vorderseite leicht nach unten, sodass das Modell um die Querachse kippt. Senkt sich die Nase nach unten, wird ein Teil der Auftriebsenergie in Vortrieb umgesetzt, und der Helikopter fliegt vorwärts (Abb. 2.4). Wird stattdessen die Nase angehoben, fliegt das Modell rückwärts. Die Nickfunktion führen Sie mit dem rechten Steuerknüppel aus. Drücken Sie ihn nach vorne, fliegt der Hubschrauber nach vorne, ziehen Sie den Knüppel nach hinten, fliegt das Modell zurück. Insider benutzen den Begriff „Nick" für den Vor- oder Rückwärtsflug. „Nick" steht auch häufig in Handbüchern von RC-Modellen und bezeichnet ebenfalls die Flugrichtung.

Heli ein Unterdruck und vor ihm ein Überdruck entsteht, fliegt er rückwärts.

2.3 Seitwärts fliegen

Der Hubschrauber lässt sich nicht nur nach vorne oder zurück, sondern auch entlang der Längsachse zur Seite nach links oder rechts neigen. Diese Funktion ist mit dem Vor- und Rückwärtsflug verwandt. Auch bei „Roll", so der Fachbegriff für das Seitwärtsfliegen, wird der Rotor geneigt, diesmal jedoch nach links oder rechts. Auch dabei wird die Luft schräg von oben kommend nach unten gedrückt, was zusätzlich zum Auftrieb ein seitliches Abdriften in eine bestimmte Richtung erzeugt. Ist der Rotor nach links geneigt, fliegt der Helikopter nach links. Bei nach rechts geneigtem Rotor fliegt er entsprechend nach

Rollfunktion

Die Roll- oder „Querruder"-Funktion führen Sie mit dem rechten Steuerknüppel aus. Die Herausforderung für den Einsteiger besteht darin, den Hebel in die richtige Richtung zu schwenken. Nur wenn man den Helikopter von hinten sieht, entspricht der Schwenk des Steuerknüppels der Richtung der Seitwärtsbewegung. Fliegt der Heli dagegen auf Sie zu, müssen Sie gegensinnig lenken. Beim Ausführen der Rollfunktion sollten Sie behutsam vorgehen. Schwenken Sie den rechten Steuerknüppel zu stark zur Seite, kann der Hubschrauber kippen und abstürzen!

Abb. 2.5 – Ein zur Seite geneigter Heli sorgt für spektakuläre Ansichten.

rechts. Oder einfacher ausgedrückt: Der Hubschrauber fliegt stets in die Richtung, in die der Rotor geneigt ist.

2.4 Kurven fliegen

Um Kurven zu fliegen, muss sich der Helikopter um seine Hochachse drehen. Diese Bewegung wird auch „Gieren“ genannt. Dadurch kann man jede beliebige Richtung ansteuern. Die Steuerung führen Sie je nach Art der Fernsteuerung mit dem rechten oder linken Steuerknüppel aus, indem Sie diesen von seiner Mittelstellung aus nach links oder rechts bewegen. Vor allem bei diesem Steuermanöver ist behutsam vorzugehen, da sich der Heli umso schneller um seine Hochachse dreht, je mehr Sie den Steuerknüppel aus seiner Mittelstellung wegbewegen.

Für das Fliegen von Kurven nutzt man auch die Heck- oder „Seitenruder“-Funktion. Das Drehmoment des Hauptrotors ändert sich dabei ständig und lässt sich manuell kaum aussteuern. Damit RC-Hubschrauber-Modelle trotzdem kontrolliert fliegen, beherbergen sie einen Kreisel, auch Gyro genannt, der das Drehmoment automatisch ausgleicht. Der Gyro registriert jede Lageänderung des Modells und sorgt für eine entgegenwirkende Korrekturbewegung um die Hochachse (vgl. auch Kapitel 4.6).

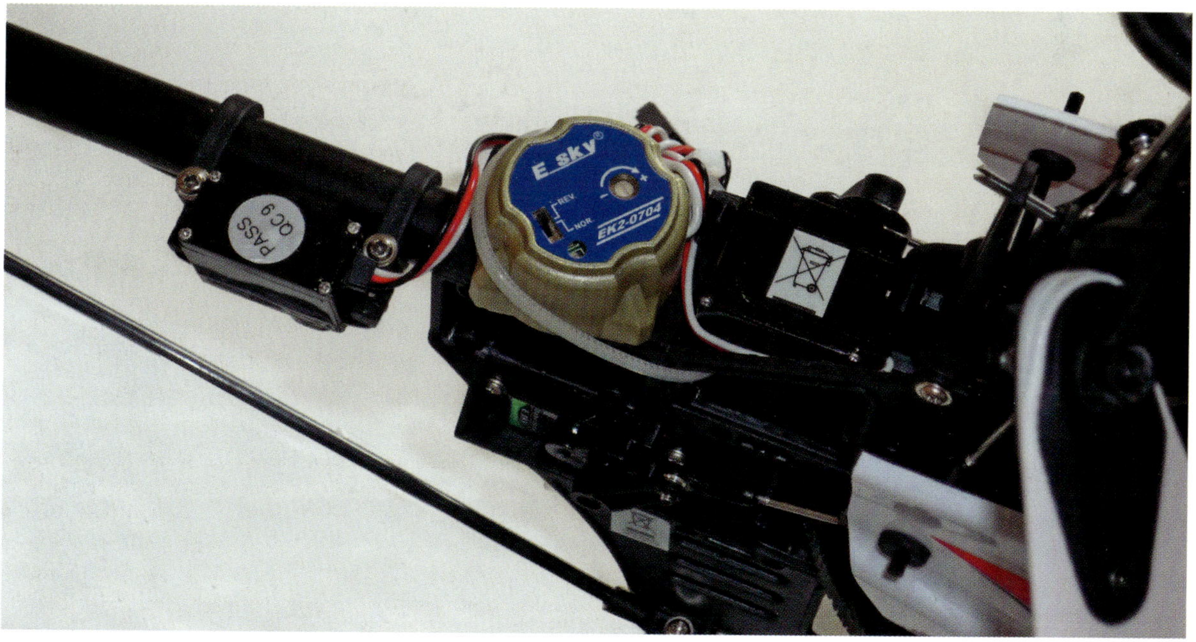

Abb. 2.6 – Der Kreisel oder Gyro sorgt entscheidend für die guten Flugeigenschaften eines Hubschraubers.

Heckfunktion

Für die bisher beschriebenen Flugrichtungen – steigen und sinken, vor- und zurück- oder zur Seite fliegen – zeichnet der Hauptrotor verantwortlich. Bei der Heck- oder „Seitenruder"-Funktion tritt dagegen der Heckrotor in Aktion, dessen Kraftwirkung für das Fliegen von Kurven verändert wird. Allein mit dem Hauptrotor würde sich der Hubschrauber unkontrolliert um seine Hochachse drehen. Man kennt diesen Effekt, wenn man mit einer Bohrmaschine arbeitet. Bei schnell steigender Drehzahl muss man mit der Hand eine relativ große Gegenkraft aufbringen, um ein Wegdrehen der Bohrmaschine zu verhindern. Beim Helikopter ist genau der gleiche Effekt zu beobachten. Das durch die Drehung des Hauptrotors entstandene Drehmoment hebt das Gegendrehmoment des Heckrotors auf. Da Haupt- und Heckrotor weit voneinander entfernt sind, werden zur Stabilisierung des Helis nur kleine Gegenkräfte benötigt. Der Heckrotor kann deshalb klein gehalten werden, im Prinzip kann man von einer Hebelwirkung sprechen.

Abb. 2.7 – Der Heckrotor (links im Bild) verhindert das ständige Drehen des Hubschraubers um seine Hochachse.

Heckfunktion beim Doppelrotor- oder Koaxial-Helikopter

Doppelrotor- oder Koaxial-Hubschrauber besitzen keinen Heckrotor, sondern zwei gleich große gegenläufige Hauptrotoren. Wenn beide mit gleicher Drehzahl arbeiten, hebt sich das Drehmoment um die Rotorwelle der Hochachse auf. Um solche Hubschrauber zu lenken, müssen aber beide Hauptrotorebenen mit leicht unterschiedlichen Drehzahlen laufen. Das damit einhergehende Drehmoment leitet die Drehbewegung ein. Bei geringerer Drehzahl des oberen Steuerrotors gegenüber dem unteren Tragrotor ist das Drehmoment des Tragrotors höher, sodass sich der Heli in Richtung des Steuerrotors dreht. Bei höherer Drehzahl des Steuerrotors ist das Drehmoment des Tragrotors geringer als das des Steuerrotors, und der Hubschrauber dreht sich in die Richtung des Tragrotors.

3 Tipps zum Kauf eines Komplettsets

War der RC-Modellbau früher ein Steckenpferd für eingefleischte Hobbyisten, so wird Interessierten heute der Einstieg leicht gemacht. Die Hersteller führen schon für wenig Geld Komplettsets, die neben dem bereits fertig montierten RC-Hubschrauber das erforderliche Zubehör enthalten. Damit scheint selbst der unbedarfte Neuling gleich in die RC-Königsklasse, den Hubschrauberflug, einsteigen zu können. Doch Vorsicht, ferngesteuerte Helis sind nur schwer zu beherrschen! Startersets suggerieren zwar, man brauche das Modell nur auszupacken und könne sofort loslegen. Das trifft jedoch nur auf die Hobbypiloten zu, die schon Flugerfahrung mit RC-Hubschraubern haben. Wenn Sie dagegen noch niemals einen Heli geflogen haben, werden Sie schnell feststellen, dass dafür viel Übung erforderlich ist (vgl. auch Kapitel 8 und Kapitel 9). Anfänger sollten sich deshalb zunächst gründlich mit dem Handbuch befassen, um erst einmal in der Theorie zu erfahren, was sie erwartet.

Erkundigen Sie sich vor dem Kauf des Modells, das Sie ins Auge gefasst haben, ob und wie leicht dazu Ersatzteile erhältlich sind – denn diese werden Sie als Anfänger garantiert brauchen. Vor allem Rotorblätter gehen schneller zu Bruch, als man meinen würde. Auch das Gehäuse oder Teile der filigranen Mechanik können bei ersten Flug- und Lande-Versuchen leicht kaputtgehen. Manche Verkäufer geben deshalb den nicht scherzhaft gemeinten Rat, man solle sich doch gleich einen zweiten Hubschrauber mitnehmen.

3.1 Mit einem Anfängerset beginnen

Anfängersets unterscheiden sich von Profi-Hubschraubern durch ihre etwas einfachere Ausführung und damit leichtere Wartung. Sie sind in verschiedenen Größen und Preisklassen zu haben. Dabei ist die Grenze zwischen „echtem“ RC-Equipment und vermeintlichem „Kinderspielzeug“ fließend. Preiswerte Einsteigersets enthalten meist Hubschraubermodelle mit koaxialen Rotoren, die auch Doppelrotor- oder Koaxial-Hubschrauber genannt werden. Sie besitzen zwei gleich große, gegensinnig laufende Rotoren, die übereinander eingebaut sind. Eingefleischte RC-Hobbyisten tun Koaxialhelikopter zwar als Spielzeug ab, diese haben aber für den Anfänger einen entscheidenden Vorteil: Sie sind leichter zu fliegen und führen schneller zu ersten Erfolgserlebnissen. Profimodelle haben wie ihre Vorbilder nur einen Rotor und entsprechen damit mehr dem Original. Sie sind aber schwieriger zu steuern.

3.1.1 Inhalte

Neben dem bereits betriebsbereiten RC-Hubschrauber enthalten Komplettsets meist einen zum Modell passenden Akku und ein einfaches Ladegerät. Dazu gehören eine Fernsteuerung, für die man allerdings meist noch Akkus dazukaufen muss, und ein ausführliches Handbuch, das in die Kunst des Fliegens einführt. Bei höherwertigen Modellen können auch Service-

Abb. 3.1 – Typische Startersets enthalten alles, was man zum Fliegen braucht.

Abb. 3.2 – Inhalt im Detail: Hubschrauber, Fernsteuerung, Akku und Ladegerät mit 230-V-Netzteil.

werkzeuge und Ersatzrotorblätter zum Lieferumfang gehören.
Die mitgelieferten Akkus sind fast ausnahmslos Lithium-Polymer-Akkus, die wie andere Akkus auch eine bestimmte Handhabung und Pflege benötigen. Nur dann hält sich der chemische Zerfall in Grenzen, sodass der Akku ausreichend lange Betriebszeiten ermöglicht (vgl. auch Kapitel 12.3).

3.1.2 Ferngesteuerte Hubschrauber sind kein Spielzeug

Selbst wenn der Spielzeugfachhandel etwas Anderes vermitteln möchte: RC-Hubschrauber sind kein Spielzeug. Nicht umsonst ist auf den Verpackungen der Hinweis aufgedruckt, dass die Fluggeräte nicht für Kinder unter 14 Jahren geeignet sind. Selbst von sehr kleinen Modellhubschraubern geht ein nicht zu unterschätzendes Gefahrenpotenzial aus, da die schnell laufenden Rotorblätter zu schweren Verletzungen führen können. Aber auch das Umfeld, in dem man erste Flugversuche unternimmt, ist gefährdet. Vor allem, wenn man erste Flüge in

Abb. 3.3 – Bevor es ans Fliegen geht, sind einige Vorarbeiten zu erledigen.

Abb. 3.4 – Laut Warnhinweis sind Heli-Komplettsets erst für Jugendliche ab 14 Jahren geeignet.

Wohnräumen zu absolvieren versucht, ist das Mobiliar nicht vor Schäden sicher.

3.2 Indoor- und Outdoor-Hubschrauber

Ferngesteuerte Hubschrauber können für innen oder außen geeignet sein. Vor allem sehr kleine, nur wenige Gramm schwere Helis mit einer Gesamtlänge von teils weniger als 20 cm sind nur für den Flug in geschlossenen Räumen gedacht. Sie benötigen für den kontrollierten und sicheren Flug eine windstille Umgebung, wie sie im Zweifel nur in Räumen mit geschlossenen Fenstern anzutreffen ist. Für den Betrieb im Freien sind solche Winzlinge deshalb kaum geeignet – es sei denn, es herrscht absolute Windstille. Schon kleine Windstöße können solche Miniflieger im wahrsten Sinne des Wortes wegwehen. Selbst größere Helikopter der 50-cm-Klasse und mit einem Gewicht von rund 400 Gramm werden primär als Indoor-Hubschrauber angepriesen. Obwohl sie schon deutlich größer sind, eignen sie sich noch längst nicht für den Außengebrauch. Sie liefern zwar schon mehr Kraft, um leichten Brisen zu trotzen, aber schon mit einem leichten Sommerlüftchen sind sie überfordert. Auch diese Helis fliegen in Windrichtung davon, obwohl man sie mit der Fernbedienung zu steuern versucht. Etwas besser sind an die 700 Gramm schwere Hubschrauber der 70-cm-Klasse geeignet. Man kann

Abb. 3.5 – Etwas größere Indoor-Modelle können bei Windstille auch gut im Freien fliegen. (Bild: Günther Unterwainig)

sie besser im Freien steuern, da sie gegen geringe Windstärken ankämpfen können. Wegen ihrer doch schon beachtlichen Abmessungen mit einem Rotordurchmesser ab rund 68 cm sind sie für den üblichen Wohnbereich zu groß.

Erst ab einem Fluggewicht von etwa 1,5 kg und einem Rotordurchmesser ab rund 1 m ist der Helikopter für den Flug unter freiem Himmel gut geeignet. Noch größere Modelle bringen 5 kg bis 8 kg auf die Waage und sind mit Rotordurchmessern von rund 1,7 m schon ziemlich beeindruckend. Solche Hubschrauber sind jedoch nicht mehr als preiswerte Startersets zu haben, obwohl man gerade mit ihnen lernen kann, einen RC-Heli zu steuern. Denn das Gewicht größerer Modelle erlaubt stabilere Fluglagen, die nicht oder kaum vom Wind beeinträchtigt werden. Nicht umsonst hört man von RC-Hubschrauber-Profis immer wieder den gut gemeinten Rat, dass ein Anfängerhubschrauber nicht schwer genug sein könne. Im selben Atemzug geben sie zu bedenken, dass kleine Helis für den Flug im Freien eher ein Fall für Fortgeschrittene als für Greenhörner sind. Man müsse bei diesen feingliedrigen Fluggeräten stets darauf gefasst sein, die Kraft des Windes mit der Fernsteuerung auszugleichen. Das stellt Anfänger, die schon ihre liebe Not damit haben, das Gerät überhaupt halbwegs kontrolliert in der Luft zu halten, vor eine mehr als große Herausforderung.

3.2.1 Fliegen mit kleinen RC-Elektro-Helis

Kleine ferngesteuerte Hubschrauber kann man schon für wenig Geld erstehen. Obwohl auch

Abb. 3.6 – Größenvergleich zwischen Indoor- und Outdoor-Helikopter. (Bild: Günther Unterwainig)

mit ihnen das Fliegen gelernt sein will, gehören sie doch eher zum Spaßsegment und sind kaum mit größeren RC-Modellen vergleichbar. Diese einfachen Hubschrauber mit einem Elektromotor sind nur für einfache Flugmanöver gebaut. Entsprechend simpel sind mitunter ihre Fernsteueranlagen ausgelegt, die vor allem das Fliegen in verschiedenen Höhen und Richtungen zulassen. Bei zierlichen Miniatur-Helis haben die Hersteller die Steuerknüppel teils sogar auf zwei Funktionen eingegrenzt. Der linke lässt sich nur auf und ab bewegen und bestimmt so die Flughöhe. Den rechten Hebel kann man nur nach links oder rechts auslenken, um so Kurven zu fliegen. Mit echtem Helikoptermodellflug hat das Ganze nur noch wenig zu tun.

Abb. 3.7 – Kleine Elektro-Helis machen kaum Lärm, lassen sich aber nur bei Windstille gut fliegen. (Foto: Günther Unterwainig)

4 RC-Helikopter im Detail

RC-Hubschrauber bestehen aus zahlreichen Komponenten. Selbst einfachere Modelle sind aus deutlich mehr als hundert Einzelteilen zusammengebaut, die man gut in den Explosionszeichnungen mancher Handbücher sehen kann.

4.1 Rotorblätter

Rotorblätter sind über mehrere Gelenke an der Hauptrotorwelle montiert. Diese Tragflächen des Hubschraubers sind aus verschiedenen Materialien gefertigt, die Bandbreite reicht von Holz bis Karbon. Rotorblätter sind gemeinsam, aber auch einzeln schwenkbar und werden von mehreren Servomotoren individuell gesteuert (vgl. Kapitel 4.4). Packt man einen RC-Hubschrauber aus, wird man sich wundern, warum die Rotorblätter nicht fest an den Gelenken angeschraubt sind, sondern sich per Hand leicht um rund 180 Grad drehen lassen. Rotorblätter dürfen nur so fest in ihre Halterungen geschraubt sein, dass sie sich noch leicht bewegen lassen. Nur dann sorgen die Fliehkräfte bei sich drehender Hauptrotorwelle dafür, dass sich die einzelnen Rotorblätter exakt aufeinander

Abb. 4.1 – RC-Helikopter vor dem Start. (Foto: Günther Unterwainig)

abgestimmt ausrichten und so in die korrekte Fluglage gelangen. Sie beeinflussen entscheidend die Flugeigenschaften eines Helikopters. Nur mit einwandfreien Blättern sind gute Flugeigenschaften zu erwarten. Bereits kleine Mängel, wie abgesplitterte Teile an einem Rotorblatt, führen zu einer Unwucht, die Schäden am Antrieb und an der Hauptrotorwelle hervorrufen können. Vor allem Fluganfänger sind damit konfrontiert, zumal die verschlechterten Flugeigenschaften das Modell auch schwerer beherrschbar machen.

4.1.1 Rotorblätter von Koaxial-Hubschraubern

Koaxial- oder Doppelrotor-Hubschrauber haben meist einfache Rotorblätter aus Kunststoff. Die Blätter für den unteren Hauptrotor und den oberen Steuerrotor unterscheiden sich voneinander. Rotorblätter für den Steuerrotor sind an ihrer Unterseite mit einem „A“, die für den unteren Hauptrotor mit einem „B“ gekennzeichnet. Da beide Rotorebenen bei Koaxial-Helis gegensinnig laufen, ist beim Tausch von

Abb. 4.2 – Nur mit einwandfreien Rotorblättern kann der RC-Heli seine volle Leistungsfähigkeit entfalten. (Bild: Günther Unterwainig)

Rotorblättern besonders darauf zu achten, an jeder der beiden Ebenen die richtigen Blätter zu montieren. Die Beschriftung an der Unterseite bringt Gewissheit (Abb. 4.3).

Abb. 4.3 – Die Beschriftung der Ersatzrotorblätter für Koaxial-Helis hilft, die richtigen Blätter an der Haupt- und Steuerrotor-Ebene zu montieren.

4.2 Taumelscheibe

Wie schon erwähnt, wird der Helikopter vor allem durch Neigen der Rotorblätter gesteuert. Dafür ist die sogenannte Taumelscheibe zuständig. Dieses wichtige Steuerelement des Hubschraubers sitzt auf der Hauptrotorwelle etwas über der Hubschrauberkabine und ist die Verbindung zwischen den Servomotoren und den Rotorblättern. Die Scheibe besteht aus einem drehbaren und einem festen Teil, ist um den Rotormast gelagert und wird von drei oder vier Servomotoren bewegt. Die Bezeichnung Taumelscheibe rührt daher, weil der obere, sich mit dem Rotor drehende Teil bei der Neigung eine Taumelbewegung zeigt. Man kann die Scheibe axial zum Rotormast verschieben und

Abb. 4.4 – Die Taumelscheibe ist an der Hauptrotorwelle montiert. Von ihr führen feine Gestänge zu Servomotoren und Rotorblättern.

quer zu ihm neigen. Sie erlaubt es, die Rotorblätter zyklisch zu verstellen, um dadurch den Anstellwinkel eines Rotorblatts abhängig von seiner Position zu verändern. Soll der Helikopter beispielsweise vorwärts fliegen, wird der Anstellwinkel des Rotorblatts stets dann erhöht, wenn es sich hinter der Rotorwelle befindet.

Die Taumelscheibe eines Doppelrotor- oder Koaxial-Hubschraubers ist etwas einfacher aufgebaut, da bei diesen Hubschraubern einen Teil ihrer Arbeit die zweite Rotorebene übernimmt (Bild 4.5).

Abb. 4.5 – Taumelscheibe eines Koaxial-Helis.

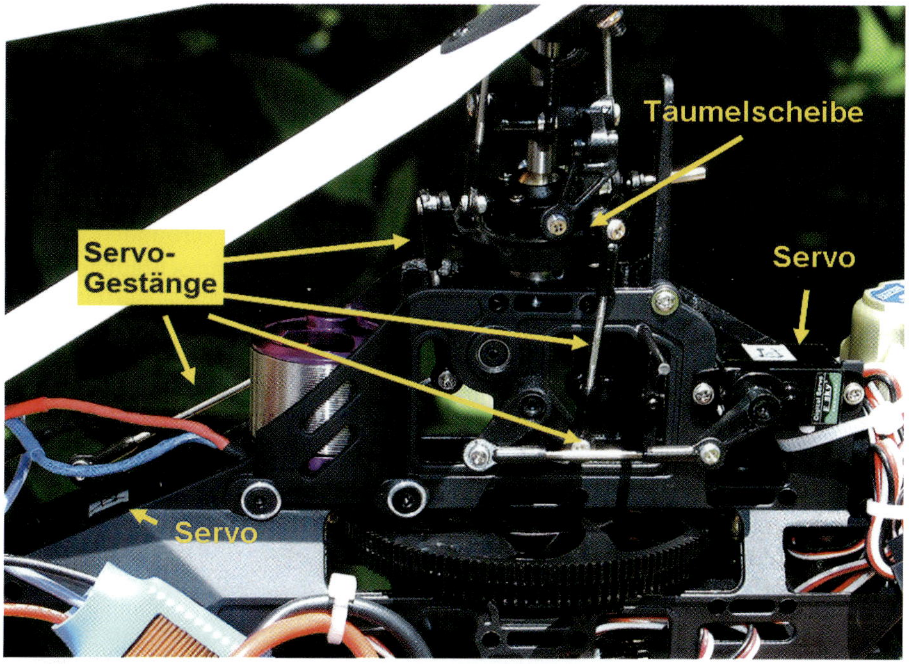

Abb. 4.6 – Taumelscheibe mit zwei Servomotoren und einem Teil der dazugehörigen Gestänge.

Abb. 4.7 – Taumelscheibe und Rotorkopf eines hochwertigen und großen RC-Hubschraubers.

4.3 Paddelstange

Die durch die Taumelscheibe zyklisch verstellten Rotorblätter erfordern viel Fingerspitzengefühl bei der Steuerung. Erleichterung verspricht die sogenannte Paddelstange, mit der die meisten RC-Hubschrauber ausgestattet sind. Sie kann über oder unter dem Hauptrotor montiert sein, trägt mit etwas größerem Abstand zur Rotorwelle zwei kurze Blätter und ist mit dem Rotorkopf verbunden. Überträgt man die Neigung der Taumelscheibe nicht auf die Rotorblätter, sondern auf die Paddel, neigt sich erst die Paddelebene, bevor anschließend die Rotorebene folgt. Dieses verzögerte Ansprechen beruhigt die Steuerwirkung erheblich.

Koaxial-Helikopter besitzen mit einer Stabilisatorstange eine abgespeckte Variante der Paddelstange. Diese ist über der oberen Steuerrotorebene montiert und mit ihr verbunden. Anstatt der Paddel klassischer RC-Hubschrauber tragen die beiden Enden nur kleine Gewichte. Die Stange ist um rund 30 Grad zur oberen Rotorachse versetzt und trägt zur stabileren Lage des Modells im Flug bei.

Abb. 4.8 – Die meisten RC-Hubschrauber besitzen eine Paddelstange, die …

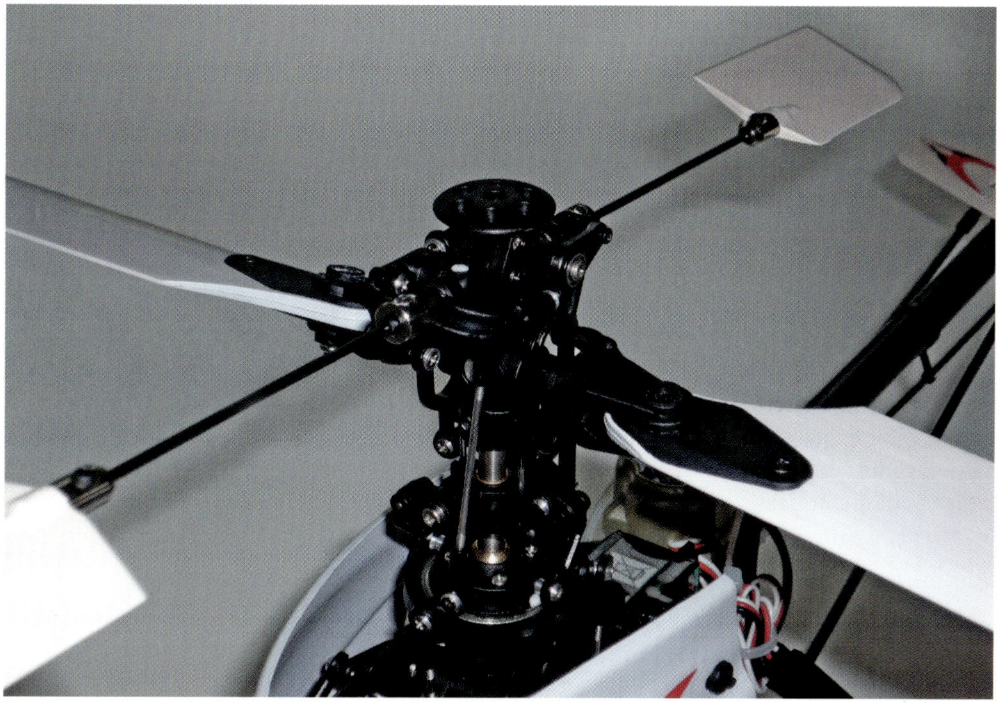

Abb. 4.9 – … mit dem Rotorkopf verbunden ist.

Abb. 4.10 – Koaxial-Helis haben eine Stabilisatorstange.

4.4 Servos

In RC-Hubschrauber sind bis zu vier Servomotoren, kurz Servos, eingebaut, die helfen, das Modell zu lenken. Drei wirken beispielsweise über Gestänge auf die Taumelscheibe und sorgen dafür, dass der Heli in alle erdenklichen Richtungen fliegen kann. Servos drehen sich nicht im Kreis wie normale Motoren, sondern haben nur einen begrenzten Drehwinkel von rund 90 Grad, um dadurch zum Beispiel die Rotorblätter zu verstellen.

Ein Servomotor besteht neben dem Motor aus einer Steuerelektronik, die die vom Fernsteuerungsempfänger des Modells ausgegebenen Impulse in Drehbewegungen umwandelt. Da sich Servomotoren auf ein Grad genau drehen, kann man jede noch so kleine Richtungsänderung ausführen. Sie geben ihre Bewegungsimpulse über Gestänge und Umlenkhebel aus. Damit sich das Modell gut steuern lässt, ist das „Spiel" der Gestänge gering zu halten. Dieses kann mit der Zeit auftreten, weil sich die Gelenke abnutzen, was die Steuereigenschaften des Hubschraubers verschlechtert. Die Gelenke sind vor allem bei neuen Modellen noch schwergängig, was sich aber schon nach kurzer Zeit ändert. Oft ist der gut gemeinte Rat zu hören, die Gelenke mit etwas Öl leichtgängiger zu machen. Davon ist jedoch dringend abzuraten, da Helikopter in einer Umgebung fliegen, die alles andere als sauber ist. Selbst im Indoor-Betrieb kann sich manches Staubkorn am Ölfilm absetzen und wie Sand im Getriebe wirken.

Abb. 4.11 – Servos sind über Gelenkstangen mit der Taumelscheibe verbunden und für die Steuerung des Modells verantwortlich.

Abb. 4.12 – Servomotoren, Gelenke und Antriebsstangen an einem größeren RC-Hubschrauber.

4.5 Helis mit waagerechtem Heckrotor

Einfache Koaxial-Hubschrauber, die vor allem für den Indoor-Betrieb gedacht sind, kommen ohne Taumelscheibe und Servomotoren aus. Diese Mini-Helis werden allein über die beiden Hauptrotoren und einen kleinen Heckrotor gesteuert, der waagerecht eingebaut ist. Zur Steuerung wird die Drehbewegung aller drei Rotoren aufeinander abgestimmt. Für die Flughöhe zeichnen allein, wie bei den anderen Hubschraubern auch, die Hauptrotorblätter verantwortlich. Soll der Heli nur vom Boden abheben, drehen sich nur diese, während der Heckrotor ausgeschaltet bleibt. Dieser tritt nur zum Vor- oder Zurückfliegen und bei Kurven in Aktion. Die Drehrichtung des Heckrotors können Sie zwischen Links- und Rechtslauf mit dem rechten Steuerknüppel wechseln. Da Koaxial-Helis mit horizontalem Heckrotor keine Rollfunktion haben, die seitliches Abdriften erlaubt, lässt einer der beiden Hebel der Fernsteuerung, meist der linke, nur eine Auf- und Ab-Bewegung zu. Deshalb sind solche Kleinhubschrauber nicht mit etwas größeren vergleichbar. Ob diese Modelle der geeignete Einstieg ins RC-Helikopter-Hobby sind, ist fraglich. Wenn man sie beherrscht, heißt das keineswegs, dass man auch mit den oft nur wenig größeren Hubschraubern klarkommt, die die Rollfunktion unterstützen. Denn auch diese Steuerfunktion müssen Sie erst erlernen.

Doppelrotor-Hubschrauber mit Servomotor und Taumelscheibe kommen ohne Heckrotor aus. Diese Helis brauchen eine Fernsteuerung, bei der Sie beide Hebel nach oben, unten und seitwärts bewegen können. Das erlaubt es, den Helikopter in alle Richtungen fliegen zu lassen.

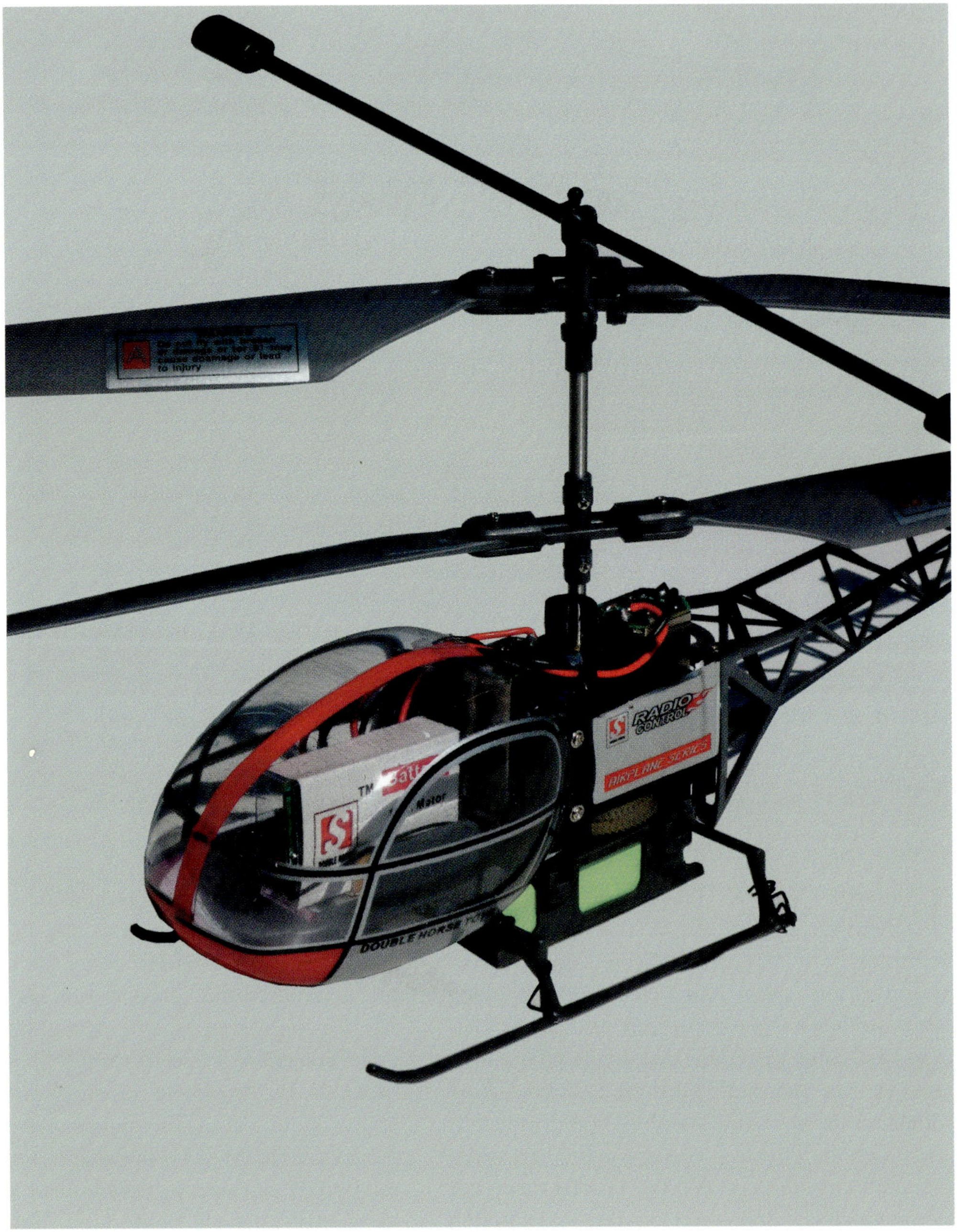

Abb. 4.13 – Kleiner Koaxial-Hubschrauber ohne Taumelscheibe.

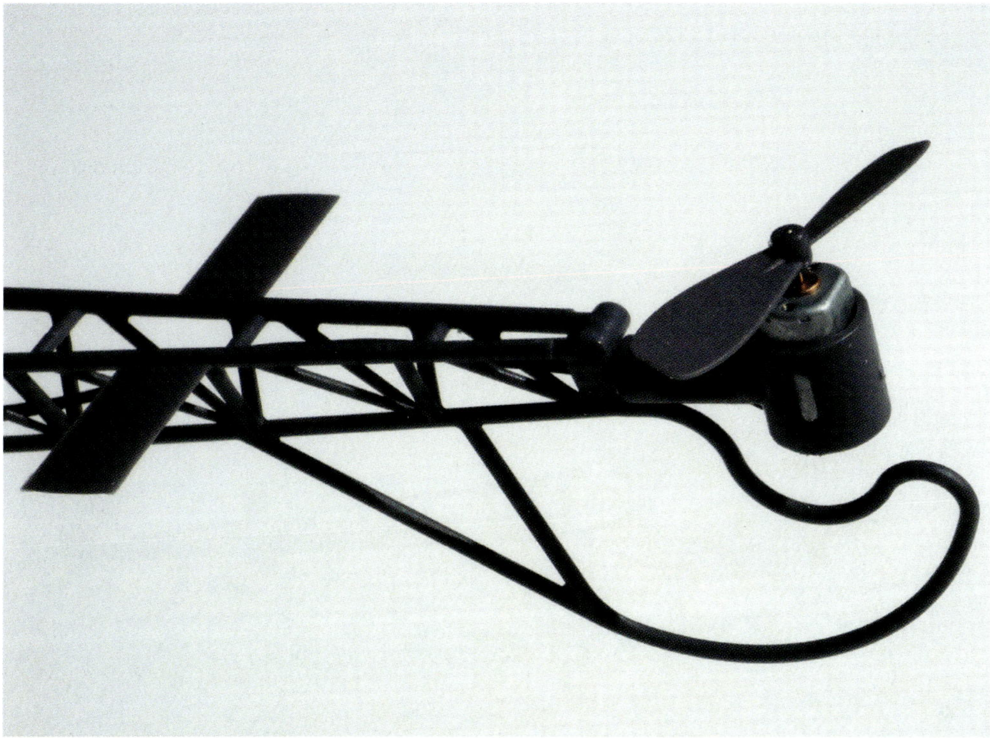

Abb. 4.14 – Horizontaler Heckrotor.

Abb. 4.15 – Während des Steigflugs bleibt der Heckrotor ausgeschaltet.

Abb. 4.16 – Der Heckrotor tritt nur für Richtungsänderungen in Aktion.

4.6 Der Gyro

Ist ein Kreisel. In der Physik ist damit ein Körper gemeint, der um eine Achse rotiert. Dadurch behält der Gegenstand die Achsenausrichtung bei. So ähnlich funktioniert das auch bei RC-Hubschraubern. Der Gyro dämpft vor allem ungewollte Bewegungen um die Hochachse und ist mit der Heckrotorsteuerung verbunden. Man unterscheidet mehrere Arten. Beim simplen mechanischen Kreisel wird eine kleine Masse mit Hilfe eines Elektromotors auf rund 1.500 Umdrehungen pro Minute gebracht. Diese Masse behält ihre Richtung selbst dann bei, wenn sich der Hubschrauber wegdreht. Sensorelemente nehmen diese Drehbewegungen wahr und sorgen dafür, dass der Heckrotor gegensteuert, um so ruhigere und stabilere Flugeigenschaften zu erreichen. Im Gegensatz zu mechanischen Kreiseln erlauben es elektronische Gyrosysteme teilweise, die Intensität der Korrekturbefehle zu programmieren. Diese Einstellungen können Sie mitunter sogar über die Fernsteuerung verändern, was aber nur für fortgeschrittene Piloten zu empfehlen ist.

Der Gyro ist meist erst in etwas größere RC-Hubschrauber mit nur einer Hauptrotorebene eingebaut. Bei kleinen und vor allem preiswerten Koaxial-Helis sucht man ihn vergebens, weil diese Hubschrauber mit zwei Rotoren ohnehin ruhiger fliegen.

Abb. 4.17 – Der Gyro ist stets waagerecht im hinteren Bereich der Heli-Kabine eingebaut.

Abb. 4.18 – Hochwertiger programmierbarer Gyro.

4.7 Motoren

Noch vor einiger Zeit führte bei RC-Modellen kein Weg an Verbrennungsmotoren vorbei. Inzwischen wurden sie zum Großteil von Elektromotoren abgelöst, die leichter zu handhaben sind, nicht den Umgang mit teuren Brennstoffen erfordern und weitaus leiser fliegen. Vor allem in kleinere bis mittelgroße Modelle ist heute meist ein Elektromotor eingebaut. Auf einigen Modellflugplätzen ist sogar der Flugbetrieb mit Verbrennungsmotoren verboten oder auf wenige Tage im Jahr beschränkt. Vor allem auf Flugplätzen in der Nähe von Wohnbebauung fühlen sich Anrainer leicht durch den Lärm gestört.

Elektromotoren sollen elektrische Energie mit möglichst geringen Verlusten in mechanische Energie umwandeln. Diese Motoren sind in Leistungsklassen aufgeteilt und für verschiedene Betriebsspannungen vorgesehen. Für den RC-Modellsport führen Hersteller zahlreiche Typen, die für verschiedene Nutzungen konzipiert sind.

4.7.1 Bürstenmotoren

Diese klassischen Gleichstrommotoren mit Kohlebürsten werden auch als Kollektorläufer bezeichnet. Sie sind relativ preiswert und robust gebaut, da sie teils in großen Stückzahlen für industrielle Anwendungen hergestellt werden. Kollektorläufer gehören vor allem zu günstigen RC-Einsteigersets. Gegen diese Motorart spricht ihr geringer Wirkungsgrad und das relativ hohe Gewicht, das durch die aufwendige Konstruktion begründet ist. Auch die Lebensdauer dieser Motoren ist begrenzt, weil die Kohlebürsten Verschleißteile sind. Man unterscheidet Standardgrößen wie die 400er- und 600er-Modelle und die gestreckte Ausführung. 400er-Motoren haben einen Außendurchmesser von rund 28 mm, sind fast 40 mm lang und haben ein Gewicht von rund 75 Gramm. 600er-Motoren mit rund 200 Gramm Gewicht haben einen Durchmesser von rund 36 mm, ihre Länge misst an die 57 mm. Jeder Hersteller liefert eine individuelle Palette von 400er- und 600er-Motoren, die verschiedene Kennwerte haben. Hersteller geben normalerweise die Nennspannung und Leerlaufdrehzahl an. Soll der Motor ein größeres Modell antreiben, muss man zu einem Hochleistungsmotor greifen.

Abb.4.19 – Bei diesem Kollektorläufer sind an der rechten Seite die kupferfarbenen Anschlussdrähte für die Kohlebürsten zu erkennen.

4.7.2 Brushless- oder BL-Motoren

Diese Motoren arbeiten ohne Kohlebürsten und verschleißen deshalb nicht. Außerdem haben sie im Vergleich zu Bürstenmotoren einen deutlich höheren Wirkungsgrad, sind leichter und haben je nach Bauart auch ein größeres Drehmoment. Brushless-Motoren erkennt man an ihren drei Anschlussdrähten, Bürstenmotoren haben nur zwei.

Bei BL-Motoren unterscheidet man zwischen Innen- und Außenläufern. BL-Innenläufer sind den Bürstenmotoren zum Verwechseln ähnlich. Wie von einem klassischen Motor gewohnt, dreht sich bei ihnen eine Welle im Motorzentrum und erzeugt ein geringes Drehmoment. Deshalb läuft diese Motorart entweder mit sehr hohen Drehzahlen oder über ein Getriebe. Hochwertige Innenläufer erreichen einen Wirkungsgrad von 80 Prozent bis fast 90 Prozent. Beim Brushless-Außenläufer dagegen steht die Welle fest, und sein Gehäuse dreht sich um einen Kern. Dadurch haben diese Motoren ein deutlich höheres Drehmoment, das auch große

Propeller antreibt, können langsamer laufen und benötigen kein aufwendiges Getriebe mehr. Außenläufer sind meist in RC-Elektromodellen eingebaut. Das sich drehende Gehäuse darf weder Teile des Modells noch Drähte berühren können.

4.7.3 Elektromotoren in der Praxis: Vor- und Nachteile

Aus technischer Sicht haben Elektro- gegenüber Verbrennungs-Motoren die Nase vorn. Man kann sie in allen Größen und Leistungsklassen erhalten, und sie können selbst schwere und große Modelle in die Luft erheben. Sie sind flüsterleise und im Vergleich zu RC-Verbrennungsmotoren weitgehend unhörbar. Man kann Hubschrauber mit einem Elektromotor deshalb bedenkenlos in einer Wohnsiedlung fliegen lassen, ohne die Nachbarn zu vergraulen. Diese Motoren haben nur einen Nachteil: Sie brauchen Strom aus Akkus (Kapitel 12). Während kleinere RC-Helis aus Kompletsets mit einem Akkublock

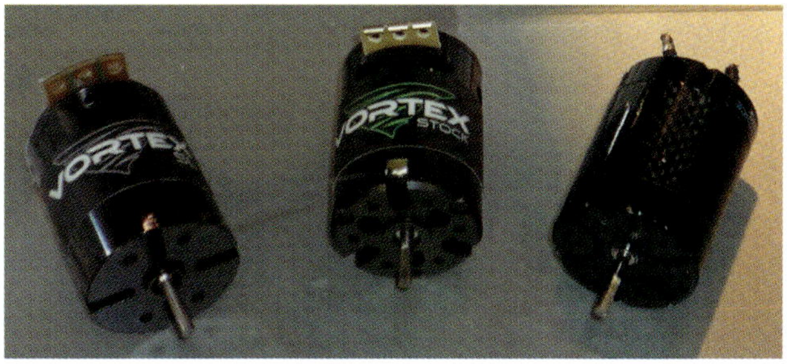

Abb. 4.20 – Kollektorlose Brushless-Motoren.

auskommen, brauchen mehrere Kilogramm schwere Hubschrauber mehrere Akkublöcke, die außerdem deutlich teurer sind. Mit einem Akkusatz kann der Heli nur fünf bis zehn Minuten lang fliegen. Möchten Sie anschließend nicht stundenlang warten, bis der Akku wieder aufgeladen ist, brauchen Sie einen zweiten oder sogar dritten Akkusatz. Da die Lebensdauer der Akkus begrenzt ist, muss man sie nach einer gewissen Zeit austauschen und neue kaufen. Aus diesem Grund kommt der Elektrohubschrauber nur für

Abb. 4.21 – Beim BL-Außenläufer dreht sich das Gehäuse.

Abb. 4.22 – Erst auf den zweiten Blick als ferngesteuertes Modell zu erkennen: E-Helis sind ihrem Original oft zum Verwechseln ähnlich. (Bild: Günther Unterwainig)

Abb. 4.23 – Bei diesem Elektrohubschrauber ist im unteren Bereich der silbern glänzende Akkublock zu erkennen. (Bild: Günther Unterwainig)

Abb. 4.24 – Größenvergleich zwischen einem RC-Heli der Profiklasse mit Verbrennungsmotor und einem kleineren RC-Elektrohubschrauber. (Bild: Günther Unterwainig)

Hobby-Einsteiger und Piloten infrage, die sich mit kleineren Modellen zufrieden geben, die man dafür aber auch in Wohnräumen betreiben kann.

4.7.4 Verbrennungsmotor für Vielflieger interessant

Obwohl sich der Elektroantrieb beim RC-Hobby mehr und mehr etabliert, arbeiten nach wie vor viele Modelle mit Verbrennungsmotoren. Sie sind vor allem in große Modellhubschrauber, Flugzeuge und Autos eingebaut, also überall dort, wo viel Antriebskraft erforderlich ist. Verbrennungsmotoren haben im Vergleich zu E-Motoren nur einen sehr schlechten Wirkungsgrad, der bei maximal rund 30 Prozent liegt. Trotzdem sprechen für sie mehrere Argumente. Einerseits lassen sie sich verhältnismäßig preiswert fliegen. Die benötigten Treibstoffe kosten zwar auch Geld, rechnen sich aber vor allem für eingefleischte Vielflieger, da der Aufwand mit Akkus ungleich höher ist. Nur mit leistungsstarken Akkus kann man Flugzeiten wie mit einem Treibstofftank erzielen. Ist der Akku leer, muss man ihn aufladen. Das dauert selbst mit modernen Hochleistungsakkus und den erforderlichen speziellen Ladestationen mindestens eine Stunde. Möchte der Pilot möglichst viel fliegen, braucht er meist drei Akkupacks, die er am Flugtag abwechselnd in den Helikopter einsetzen und laden muss. Da vor allem größere und schwerere Modelle viel Strom zum Fliegen brauchen, muss der Hobbyflieger viel Geld allein für die Akkus ausgeben. Ein einzelner Lithiumakku mit 5.000 Milliamperestunden (mAh) schlägt bereits mit deutlich mehr als 100 Euro zu Buche. Da die Lebensdauer der Akkus begrenzt ist, halten sie bei Vielfliegern mitunter nicht einmal eine Saison lang, was die Sache weiter verteuert. Mit einem Verbrennungsmotor haben Sie mit alledem nur am Rande zu tun. Ist der Tank leer, füllt man ihn einfach wieder nach und kann sofort weiterfliegen. Lange Stehzeiten und spezielles Equipment sind nicht erforderlich. Trotzdem sind Modelle mit Verbrennungsmotoren für fortgeschrittene RC-Hobbyisten gedacht und fehlen deshalb in RC-Hubschrauber-Komplettsets.

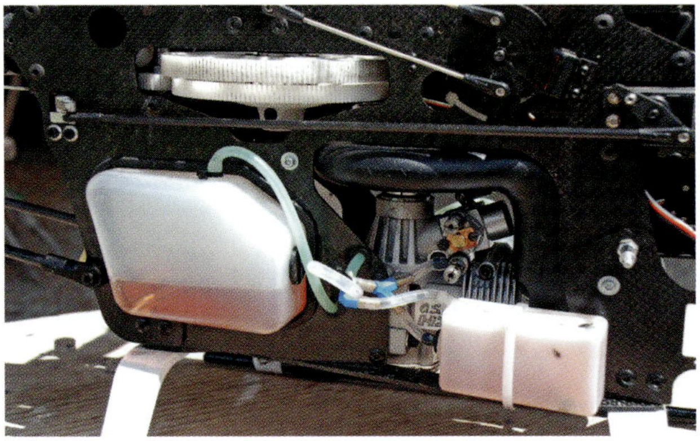

Abb. 4.25 – Verbrennungsmotor eines größeren Hubschraubers.

4.8 Regler und Steuerelektronik

Jeder Elektromotor benötigt mit einem Regler eine Steuerelektronik, die den Motor zur rechten Zeit über die richtigen Anschlussdrähte mit Strom versorgt. Deshalb können Sie einen Kollektormotor nicht ohne Weiteres gegen einen Brushlessmotor austauschen. Die Steuerelektronik erzeugt das Drehfeld, damit sich der Motor dreht. Soll die Drehrichtung geändert werden, bleibt eine von drei Verbindungen zwischen Regler und BL-Motor bestehen. Die beiden anderen werden einfach getauscht.

Vom Regler führt auch die zweipolige dicke Anschlussleitung zum Akku. Die Leitung besitzt einen Hochstrom-Stecker, damit der Akku mit der richtigen Polung verkabelt ist. Denn der Regler dankt es meist mit einem Totalschaden, wenn man den Akku falsch gepolt anschließt.

Abb. 4.26 – Fliegen mit Verbrennungsmotor wirkt spektakulär. (Bild: Günther Unterwainig)

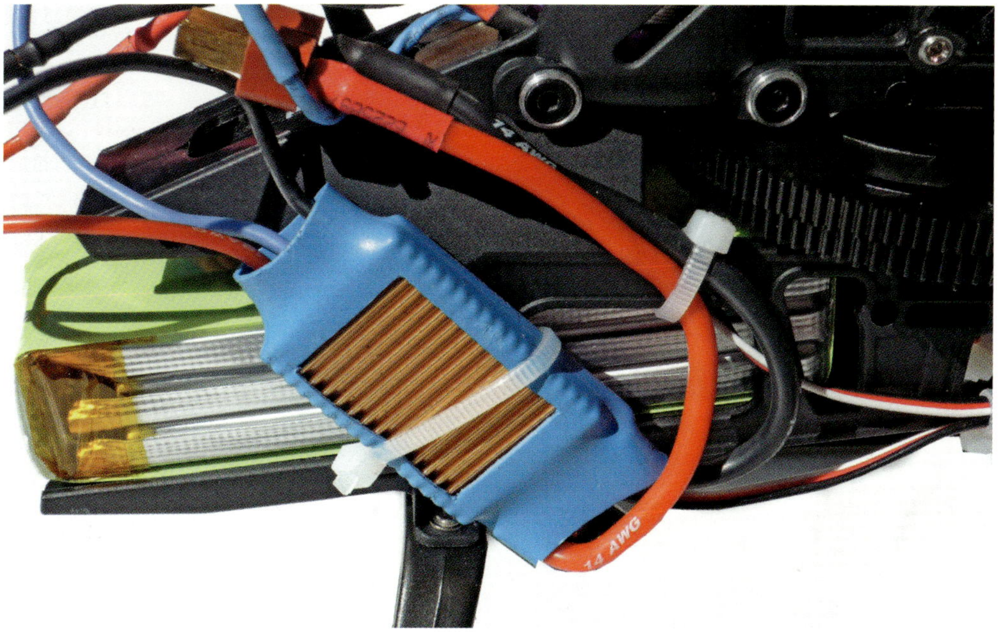

Abb. 4.27 – Der Regler enthält die Steuerelektronik, die den BL-Motor zum Drehen bringt.

4.9 Fernsteuerungsempfänger

RC-Modelle müssen die von der Fernsteuerung gesendeten Befehle empfangen können. Der dafür eingebaute Empfänger arbeitet im Frequenzbereich von 27 MHz bis 40 MHz und ist leicht zu erkennen. Aus seinem Gehäuse führt die Antenne, ein etwas längerer Draht, nach draußen, die Sie am Modell soweit möglich ausgerollt befestigen. Die Antenne dürfen Sie nicht zusammengerollt betreiben, weil sie sonst nur schlecht empfängt. Das würde bedeuten, dass Sie den Hubschrauber nur in einer geringen Distanz zum Sender zuverlässig steuern können. Damit die Antenne auf keinen Fall Teile des RC-Helis berührt, die sich bewegen, muss man sie außerdem solide am Gehäuserahmen befestigen.

Der Fernsteuerungsempfänger ist für eine bestimmte Anzahl von Kanälen ausgelegt. Je umfangreicher und komplizierter ein Modell aufgebaut ist, umso mehr Signal-Übertragungs-Kanäle sind erforderlich, weil jeder Servo und jeder Motor separat gesteuert werden muss. Sehr einfache RC-Hubschrauber kommen mit drei Kanälen aus. Koaxial-Helikopter arbeiten meist mit vier Kanälen, normale RC-Helis mit fünf. Haben die Modelle weitere Funktionen, sind weitere Übertragungskanäle notwendig: pro Funktion ein separater Kanal. Die Zusatzkanäle nutzen vor allem Profipiloten, die ihre Modelle mit diversen Sonderfunktionen ausstatten.

An einer Seite des Fernsteuerungsempfängers ist ein Buchsenfeld eingebaut, an dem Sie alle Motoren und Servos mit einem kleinen Flachstecker andocken (Abb. 4.29). Nur dann erhalten die Antriebselemente die richtigen Steuerbefehle. Zu beachten ist, dass Motoren ihre Steuerbefehle nicht direkt vom Fernbedienungsempfänger erhalten, sondern vom Regler, der mit dem Empfänger verbunden ist (Kapitel 4.8).

Einfache RC-Modelle arbeiten mit einer festen Übertragungsfrequenz. Geräte ab der Mittelklasse haben für Sender und Empfänger auswechselbare Quarze, die die belegte Funkfrequenz bestimmen. Betreiben Sie im Umkreis mehrere ferngesteuerte Modelle, müssen Sie jedem eine separate Sende- und Empfangsfrequenz

Abb. 4.28 – Der Fernsteuerungsempfänger ist ein kleines Kästchen und hat in diesem Fall sechs Kanäle.

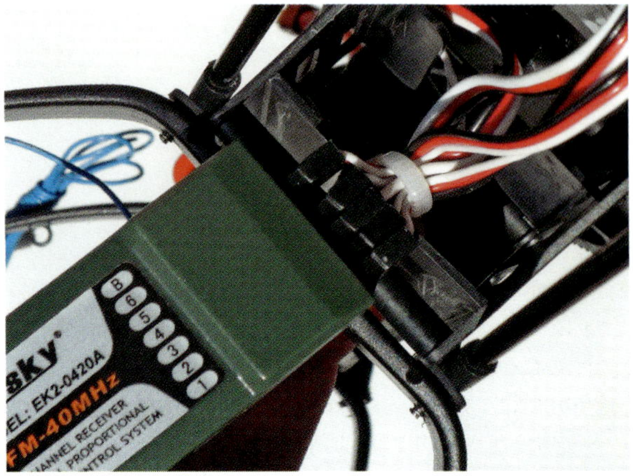

Abb. 4.29 – Die Buchsenleiste des Empfängers, an die Sie alle zu steuernden Motoren und Servos anschließen.

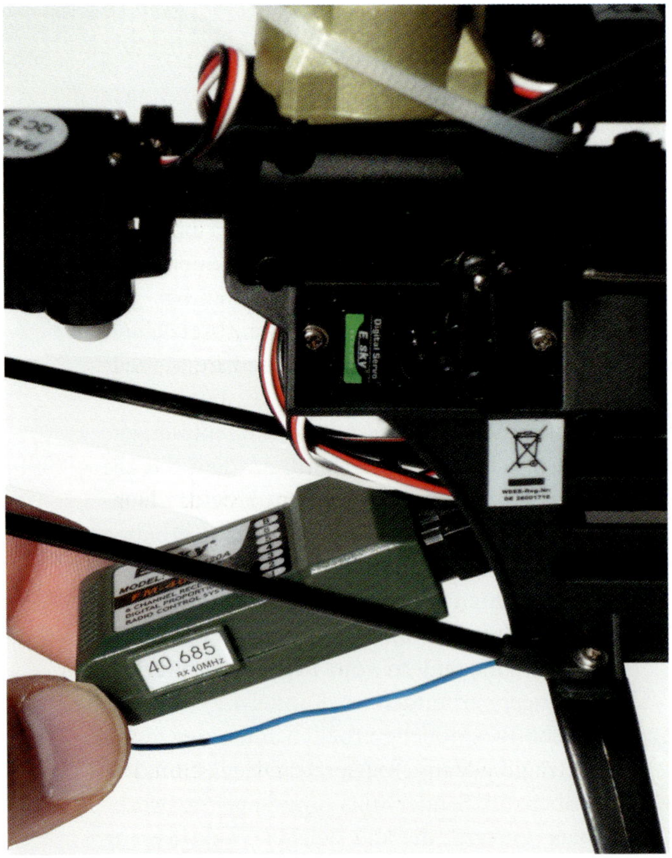

Abb. 4.30 – Bei Bedarf lässt sich der Empfänger mit wenigen Handgriffen auf einen anderen Fernsteuerkanal umrüsten. Das Quarzmodul ist seitlich eingesteckt.

zuordnen. Würden dagegen die Fernsteuerungen zweier Hubschrauber auf derselben Frequenz arbeiten, würden beide Fernsteuerungen beide Helis beeinflussen. Die Folge sind Fehlfunktionen, daraus resultierende Abstürze und alle erdenklichen Arten von Schäden.

Der Fernsteuerungsempfänger ist im Modell meist an einem etwas schwerer zugänglichen Ort eingebaut und somit nicht immer gleich zu finden. Wohl deshalb, weil er zu den wenigen Komponenten eines RC-Hubschraubers zählt, die beim Absturz kaum beschädigt werden. Zumindest der auswechselbare Quarz sollte leicht erreichbar sein (Abb. 4.30).

5 Mit der Fernsteuerung auf Du und Du

Damit man das Steuergerät, wie der Fachmann die Fernbedienung auch nennt, richtig bedienen kann, müssen seine Funktionen bekannt sein. Diese sind zwar in den mitgelieferten Handbüchern beschrieben, häufige Fachbegriffe wie Nick und Roll erschweren aber das schnelle Verstehen. Je nach Ausstattung und Preisklasse haben Fernsteuerungen mehr oder weniger viele Knöpfe, Regler und Hebel, die man entweder manuell bedienen oder sogar programmieren kann. Auf alle Details einzugehen würde den Rahmen dieses Kapitels sprengen, das sich deshalb auf die wichtigsten Bedienelemente beschränkt.

RC-Fernsteuerungen unterscheiden sich in der Zahl der Kanäle und bestimmen so, wie viele Motore und Servos man damit steuern kann. Für RC-Koaxial-Helis benötigen Sie mindestens Vier-, für normale RC-Hubschrauber Fünf-Kanal-Steuerungen. Die folgenden Unterkapitel stellen die wichtigsten Steuerfunktionen vor und erklären, wo und wie diese an der Fernsteuerung zu bedienen sind, wenn es sich um RC-Hubschrauber-Komplettsets handelt. Diese Werkseinstellungen können bei den beiden Steuerknüppeln von den Einstellungen abweichen, die Hobbypiloten in der Praxis nutzen (Kapitel 5.6)

5.1 Mit linkem Steuerknüppel Gas geben

Mit dem linken Steuerknüppel stellen Sie die Rotordrehzahl ein, geben also Gas. Vergewissern Sie sich, dass der Knüppel vor dem Einschalten des Senders ganz nach unten gezogen ist, wodurch der Rotorantrieb ausgeschaltet ist. Doch Achtung: Rechts neben dem Steuerknüppel ist ein Schieberegler eingebaut, mit dem Sie die Mindest-Rotordrehzahl einstellen. Dieser ist mit dem Standgas eines Autos vergleichbar: Nur wenn der Schieberegler in seiner unteren Endstellung steht, ist der Rotor tatsächlich ausgeschaltet. Steht der Schieberegler in Mittelstellung oder gar am oberen Anschlag, beginnt sich der Rotor zu drehen, sobald Sie die Fernsteuerung einschalten.

Wenn Sie den linken Steuerknüppel langsam nach oben drücken, erhöhen Sie die Rotordrehzahl. Dabei können Sie gut beobachten, ab wann der Hubschrauber am Boden zu „schwimmen“ beginnt, bevor er abhebt. Die Flughöhe hängt davon ab, wie weit Sie den Steuerknüppel nach oben ziehen. Ziehen Sie den Hebel wieder nach unten, verringert sich die Flughöhe, und schließlich landet der Hubschrauber wieder.

Sie können den Hubschrauber lenken, indem Sie den linken Steuerknüppel nach links oder rechts schwenken. Ziehen Sie den Knüppel nach rechts, fliegt der Helikopter eine Kurve im Uhrzeigersinn. Drücken Sie den Hebel nach links, fliegt der Heli entgegen dem Uhrzeigersinn. Sie können Kurven fliegen lassen, sobald Sie mit dem Schieberegler etwas Gas gegeben haben. Wenn Sie nur wenig Gas geben, können Sie das Fluggerät am Boden eine Acht fahren lassen, wenn Sie es nach links und rechts steuern. Dies ist eine gute Übung, um zu lernen, in welche Richtung man den Steuerknüppel bewegen muss. Für die Links-Rechts-Steuerung ist in den linken Hebel eine Neutralstellung entlang der Mittelachse eingebaut, in die er stets zurückfedert, wenn der Heli geradeaus fliegen soll. Die Gasfunktion bleibt davon unbeeinflusst. Die Links-Rechts-Funktion des linken Steuerknüppels dient in der Flugpraxis allerdings nur eingeschränkt zum Fliegen von Kurven. Sie können damit vor allem Ihr Modell in Flugrichtung ausrichten.

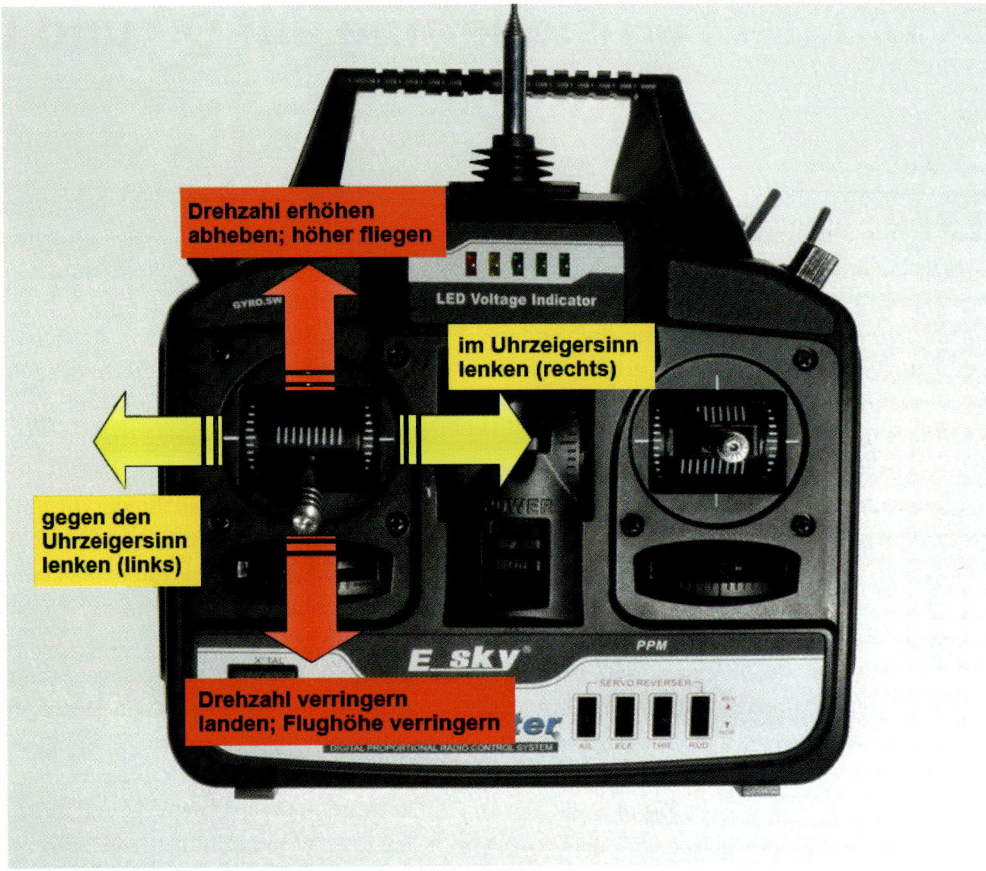

Abb. 5.1 – Durch Auf- und Abbewegen des linken Steuerknüppels regeln Sie die Rotordrehzahl und damit die Flughöhe (rote Pfeile).

Wo sind links und rechts?

Mit dem Auto zu fahren und ein RC-Modell fernzusteuern unterscheiden sich grundlegend voneinander. Im Auto bewegt man sich stets mit dem Fahrzeug nach vorne. Um nach links zu fahren, muss man das Lenkrad stets nach links einschlagen und um nach rechts zu fahren entsprechend stets nach rechts. Fliegen Sie einen Hubschrauber mit dem Steuergerät, sind Sie sozusagen nur Zuschauer, der das Fluggerät mal von vorne, mal von hinten und mal von der Seite von links oder rechts sieht. Das erfordert ständiges Umdenken, möchte man mit dem Helikopter eine Kurve fliegen oder einem Hindernis ausweichen. Nur wenn der Helikopter von Ihnen wegfliegt und Sie ihn von hinten sehen, fliegt er nach rechts, wenn Sie mit der Fernsteuerung nach rechts lenken. Kommt Ihnen der Heli entgegen, müssen Sie für eine Rechtskurve nach links steuern. Um stets die richtigen Lenkbefehle auszugeben, müssen Sie sich gedanklich in die Situation eines im Hubschrauber sitzenden Piloten hineinversetzen. Links und rechts sind stets aus der Sicht des Cockpits zu betrachten – und das will gelernt sein. Einfacher ist es, wenn Sie sich das Lenkverhalten mit „im Uhrzeigersinn" und „gegen den Uhrzeigersinn" einprägen. Das ist leichter zu merken und lässt sich für jede Flugrichtung anwenden.

5.2 Mit rechtem Steuerknüppel Flugrichtung bestimmen

Mit dem linken Steuerknüppel bringen Sie den Hubschrauber zum Fliegen, mit dem rechten bestimmen Sie, wohin er fliegt. Neben dem klassischen Kurven können Hubschrauber vor- und zurückfliegen oder zur Seite abdriften. Genau diese Funktionen führen Sie mit dem rechten Hebel aus. Seine Grundstellung ist in der Mitte, in die er auch zurückfedert. Drücken Sie den rechten Hebel nach vorne, wird die Nase des Hubschraubers nach unten gedrückt, sodass er vorwärts fliegt. Ziehen Sie den Knüppel nach unten, wird die Nase angehoben, das Heck gesenkt, und der Hubschrauber fliegt rückwärts. Bewegen Sie den rechten Hebel seitwärts, fliegt der Hubschrauber zur Seite – in welche Richtung, hängt vom Betrachter ab. Drücken Sie, vom Heck aus betrachtet, den rechten Hebel nach links, dreht der Hubschrauber nach links ab. Fliegt er Ihnen zu, driftet er nach rechts ab.

Funktionen der Steuerknüppel nicht einheitlich

Die beiden Steuerknüppel sind nicht einheitlich mit Funktionen belegt. Welche Funktion Sie mit einem Knüppel steuern können, geben teilweise die Hersteller vor. Vor allem bei höherwertigen Fernsteuerungen sind die Funktionen aber frei programmierbar (Kapitel 5.6). Für die Programmierung kommt es darauf an, welche Motoren und Servos man am Modell an welche Kanalausgänge des Fernsteuerempfängers angeschlossen hat. Tipp: Haben Sie Bekannte, die bereits einen Heli fliegen, oder sind Sie in einen Heli-Verein eingetreten, ist die gleiche Belegung wie bei den Vereinskollegen zu empfehlen. So kann man als Einsteiger am besten von Erfahrungen profitieren und erhält Hilfe, wenn man sie braucht.

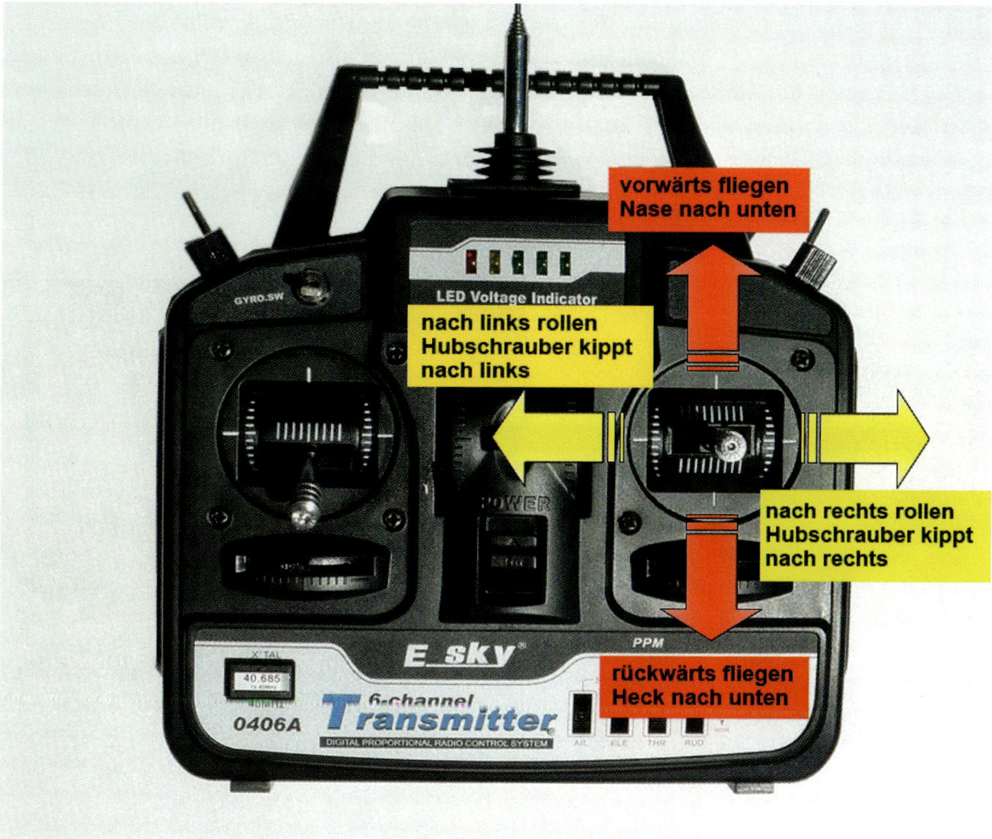

Abb. 5.2 – Mit dem rechten Steuerknüppel lassen Sie den Heli vor- und zurückfliegen oder zur Seite abdrehen.

Drücken Sie den Knüppel, wieder vom Heck aus betrachtet, nach rechts, dreht der Heli nach rechts ab.

5.3 Mit Schiebereglern Fluglage stabilisieren

Links und unterhalb des rechten Steuerknüppels sowie rechts und unterhalb des linken Steuerhebels ist je ein Schieberegler in die Fernsteuerung eingebaut. Damit können Sie Grundeinstellungen für das Vor- oder Zurückfliegen, das Fliegen von Kurven, das Abdriften zur Seite und für das Standgas vornehmen. Dadurch werden die Kräfte ausgeglichen, die die Lage des Fluggeräts verändern würden. Man spricht dabei auch von Trimmen und nennt deshalb die Schiebe- auch Trimmregler (vgl. auch Kapitel 7). Ist die stabile Fluglage eingestellt, kann der Heli ohne Ihr Zutun nicht aus der Nullstellung der Steuerknüppel heraus eine Kurve oder rückwärts fliegen. Der Hubschrauber kann auch nicht zur Seite umkippen, wenn Sie so viel Gas geben, dass er abhebt.

Abb. 5.3 – Mit den Schiebereglern stellen Sie den Hubschrauber so ein, dass er in seiner Fluglage stabilisiert ist.

5.4 Reverseschalter

Reverseschalter bewirken eine Umkehr der Funktionsrichtung. Die für den Flug erforderlichen Funktionsrichtungen sind von der Einbaurichtung der Servos im Modell abhängig. Je ein Schalter ist für das Querruder (Roll), Höhenruder (Nick), Gas (Pitch) und Seitenruder (Heck) verantwortlich (Kapitel 2). Bei betriebsbereiten Komplettsets kann man davon ausgehen, dass Heli und Fernsteuerung bereits aufeinander abgestimmt sind, sodass man die Schalter gar nicht brauchen würde. Überaus nützlich sind sie jedoch, wenn man einen RC-Hubschrauber-Bausatz selbst zusammenstellt oder einen defekten Servo gegen einen neuen austauscht. In beiden Fällen erlauben es die Reverseschalter, einzelne oder alle Steuerfunktionen entsprechend den eingebauten Servos einzustellen. Dadurch können Sie die Fernsteuerung auch künftig wie gewohnt bedienen.
Reverseschalter sucht man bei höherwertigeren programmierbaren Fernsteuerungen meist vergebens, da man diese über die Menüoberfläche einstellt. Auch besonders preiswerte Fernsteuerungen haben keine Reverseschalter an Bord.

Abb. 5.4 – Fernsteuerung mit vier Reverseschaltern aus einem etwas reichhaltigen RC-Hubschrauber-Komplettset.

Abb. 5.5 – Bei höherwertigen Fernsteuerungen kann man die Reversefunktionen programmieren.

5.5 3-D-Schalter

Unter der 3-D-Betriebsart verstehen Heli-Piloten den Kunstflugmodus (Kapitel 10). Gemeint sind atemberaubende Figuren und Manöver, die nur etwas für Fortgeschrittene sind. Bei aktiviertem 3-D-Modus entsprechen der untere und obere Endausschlag des Gashebels dem Vollgas. Dadurch entfällt die Motor-Aus-Stellung des Gashebels, wenn man ihn ganz heruntergezogen hat. Die langsamste Motordrehzahl ist in Mittelstellung des Steuerknüppels erreicht. Ist der 3-D-Schalter aktiv, beginnt sich der Hauptrotor zu drehen, sobald man den Akku ansteckt. Lassen Sie deshalb den 3-D-Schalter bei Inbetriebnahme des Helikopters ausgeschaltet.

Abb. 5.6 – Bei dieser Fernsteuerung aktiviert man die 3-D-Funktion mit dem langen, schmalen Kippschalter auf der rechten Seite.

5.6 Modi der RC-Fernsteuerung

Viele RC-Fernsteuerungen kann man in mehreren Betriebsarten, sogenannten Modi, betreiben oder sie entsprechend umbauen. Obwohl die Handbücher ausführlich beschreiben, wie man die vorhandene Fernsteuerung beispielsweise von Modus 2 auf Modus 1 umbauen kann, wird der Anwender oft im Unklaren darüber gelassen, was überhaupt darunter zu verstehen ist. Gemeint ist generell, mit welchen Funktionen die beiden Steuerknüppel belegt sind. RC-Fernsteuerungen können in bis zu vier Modi arbeiten. Die meisten Fernsteuerungen werden im Mode 1 oder Mode 2 ausgeliefert und sind häufig zwischen diesen beiden Betriebsarten umzuprogrammieren oder umzubauen. Nur wenige RC-Fernsteuerungen unterstützen auch Mode 3 und Mode 4 (siehe Kasten). Das macht aber nichts, denn im Grunde ist es egal, mit welcher Betriebsart Sie Ihr Modell steuern. Die Bedienung der Steuerknüppel ist reine Gewöhnungssache. Wenn Sie einen Flugsimulator nutzen, sollten Sie allerdings darauf achten, dass Sie beim echten Modell den gleichen Modus verwenden. Ansonsten ließe sich das am PC Erlernte nicht ohne Weiteres auf das zu fliegende Modell übertragen. Ein einheitlicher Modus ist auch zu empfehlen, wenn man in einem Verein oder gemeinsam mit Hobbykol-

legen fliegt. Nur wenn alle mit demselben Mode arbeiten, kann man als Anfänger auf die Unterstützung eines erfahrenen Piloten vertrauen.
Die freie Modewahl erlaubt nur ein Teil der RC-Fernsteuerungen. Einige, auch hochwertige Modelle lassen sich nur mit der ab Werk ausgelieferten Betriebsart steuern. Andere lassen nur den Wechsel zwischen Mode 1 und Mode 2 zu.

5.7 Sender und Modell in Betrieb nehmen

Ziehen Sie zuerst die Teleskopantenne der Fernsteuerung ganz heraus. Erst danach ist die Fernsteuerung einschaltbereit. Vor der Inbetriebnahme sind weitere Punkte zu beachten.

5.7.1 Frequenzen

Für den RC-Modellflug sind bestimmte Frequenzen reserviert, nur diese dürfen Sie verwenden. Beachten Sie, dass nicht für jedes ferngesteuerte Modell eine eigene Frequenz bereitsteht. Ein und dieselbe Steuerfrequenz können also von mehreren Modellen genutzt werden. Bevor Sie den Sender einschalten, sollten Sie deshalb prüfen, ob ein anderer RC-Hobbyist in Ihrem Nahbereich ein Modell auf derselben Frequenz betreibt. Falls ja, nutzen Sie eine andere Frequenz, um Fehlsteuerungen zu vermeiden. Wie das funktioniert, beschreibt das Folgekapitel 5.7.2. Auf einem Modellflugplatz können Sie anhand einer Frequenztafel prüfen, ob auf Ihrer Frequenz schon ein anderer Hobbypilot sein Modell steuert. Auf dieser Tafel trägt jeder gerade genutzte Frequenzen für alle leicht ersichtlich ein.

5.7.2 Quarze tauschen

Fernsteuerungen und die Empfänger in den Modellen sind mit auswechselbaren Quarzen bestückt, die die Frequenz vorgeben, auf der sie arbeiten. Da die Quarze von außen leicht zugänglich und steckbar sind, kann man sie bei Bedarf mit wenigen Handgriffen austauschen.

Modi im Detail

Mode 1:
Linker Steuerknüppel auf/ab: Nick; seitwärts: Heck
Rechter Steuerknüppel auf/ab: Pitch; seitwärts: Roll
Mode 2 wird am häufigsten genutzt:
Linker Steuerknüppel auf/ab: Pitch; seitwärts: Heck
Rechter Steuerknüppel auf/ab: Nick; seitwärts: Roll
Mode 3:
Linker Steuerknüppel auf/ab: Nick; seitwärts: Roll
Rechter Steuerknüppel auf/ab: Pitch; seitwärts: Heck
Mode 4:
Linker Steuerknüppel auf/ab: Pitch; seitwärts: Roll
Rechter Steuerknüppel auf/ab: Nick; seitwärts: Heck
Diese Betriebsart nutzen häufig Heli-Piloten, die zuvor Flugzeuge gesteuert haben.

Abb. 5.7 – Eine Frequenztafel informiert auf jedem Modellflugplatz, welche Frequenzen welche Hobbyfreunde nutzen.

Der Hobbypilot sollte mehrere verschiedene Quarze vorrätig haben. Damit kann er sein Equipment vor Ort leicht auf einen freien Kanal abstimmen. Sie benötigen stets zwei gleiche Quarze: Je einen für die Fernsteuerung und einen für den Empfänger im RC-Helikopter. Nur wenn beide mit Quarzen bestückt sind, die auf derselben Frequenz arbeiten, sind Sender und Hubschrauber per Funk miteinander verbunden.

Einfache Miniaturhubschrauber mit einer Größe bis etwa 40 cm und dazugehörige Fernbedienungen arbeiten häufig mit einem fest eingebauten Quarz. Über den Frequenzbereich, in dem Sender und Heli miteinander kommunizieren, informiert oft ein Aufkleber am Modell. Die genutzten Frequenzen können zwischen 27 MHz und 40 MHz liegen. Da die Arbeitsfrequenz des Hubschraubers unbekannt ist und sich der Quarz nicht tauschen lässt, besteht stets die Gefahr von Beeinflussungen durch RC-Modelle, die in der Nachbarschaft betrieben werden.

Abb. 5.8 – Der Sendequarz steckt an der Oberseite der Fernsteuerung und lässt sich leicht mit den Fingern herausziehen.

Abb. 5.9 – Sendequarze im Detail.

Abb. 5.10 – Der Empfangsquarz ist im Helikopter leicht zugänglich eingebaut.

Abb. 5.11 – Man kann den Empfangsquarz mit einer kleinen Spitzzange schnell gegen einen anderen austauschen.

Abb. 5.12 – Bei diesem Helikopter ist der Empfangsquarz fix eingebaut und lässt sich nicht tauschen.

Flugfunkfrequenzen Deutschland

Frequenzen im 35-MHz-Band nur für Flugmodelle

Frequenz	Kanalnummer
35,01 MHz	61
35,02 MHz	62
35,03 MHz	63
35,04 MHz	64
35,05 MHz	65
35,06 MHz	66
35,07 MHz	67
35,08 MHz	68
35,09 MHz	69
35,10 MHz	70
35,11 MHz	71
35,12 MHz	72
35,13 MHz	73
35,14 MHz	74
35,15 MHz	75
35,16 MHz	76
35,17 MHz	77
35,18 MHz	78
35,19 MHz	79
35,20 MHz	80
35,82 MHz	182
35,83 MHz	183
35,84 MHz	184
35,85 MHz	185
35,86 MHz	186
35,87 MHz	187
35,88 MHz	188
35,89 MHz	189
35,90 MHz	190
35,91 MHz	191

Frequenzen im 40-MHz-Band für alle RC-Modelle

Frequenz	Kanalnummer
40,665 MHz	50
40,675 MHz	51
40,685 MHz	52
40,695 MHz	53

Die Kanäle 54 bis 92 im Bereich von 40,715 MHz bis 40,985 MHz sind nur für RC-Boote und -Autos zugelassen.

Frequenzen im 27-MHz-Band für RC-Modellbau

Frequenz	Kanalnummer
26,995 MHz	4
27,005 MHz	5
27,015 MHz	6
27,025 MHz	7
27,035 MHz	8
27,045 MHz	9
27,055 MHz	10
27,065 MHz	11
27,075 MHz	12
27,085 MHz	13
27,095 MHz	14
27,105 MHz	15
27,115 MHz	16
27,125 MHz	17
27,135 MHz	18
27,145 MHz	19
27,195 MHz	24
27,255 MHz	30

Da auch andere Dienste die 27-MHz-Frequenzen nutzen und dort sehr hohe Reichweiten erzielt werden können, sind diese Frequenzen für den Flugbetrieb ungeeignet!

Flugfunkfrequenzen Österreich

Frequenzen im 35-MHz-Band nur für Flugmodelle

Frequenz	Kanalnummer
35,0 MHz	260
35,01 MHz	61
35,02 MHz	62
35,03 MHz	63
35,04 MHz	64
35,05 MHz	65
35,06 MHz	66
35,07 MHz	67
35,08 MHz	68
35,09 MHz	69
35,10 MHz	70
35,11 MHz	71
35,12 MHz	72
35,13 MHz	73
35,14 MHz	74
35,15 MHz	75
35,16 MHz	76
35,17 MHz	77
35,18 MHz	78
35,19 MHz	79
35,20 MHz	80
35,21 MHz	281
35,22 MHz	282

Frequenzen im 40-MHz-Band für alle RC-Modelle

Frequenz	Kanalnummer
40,665 MHz	50
40,675 MHz	51
40,685 MHz	52
40,695 MHz	53

Frequenzen im 27-MHz-Band für RC-Modellbau

Frequenz	Kanalnummer
26,995 MHz	4
27,045 MHz	9
27,095 MHz	14
27,145 MHz	19
27,195 MHz	24

Da auch andere Dienste die 27-MHz-Frequenzen nutzen und dort sehr hohe Reichweiten erzielt werden können, sind diese Frequenzen für den Flugbetrieb ungeeignet!

5.7.3 2,4-GHz-Frequenzen

Sie gelten als neueste Errungenschaft im RC-Modellbau, sind aber speziell beim Modellflug mit Vorsicht zu genießen. Denn der für den RC-Modellbau vorgesehene Bereich von 2,400 GHz bis 2,4835 GHz wird auch von anderen Funkdiensten wie dem Amateurfunk genutzt. Diese können den Flugbetrieb stören und sogar zu Abstürzen führen. Dennoch scheint kein Weg am neuen Übertragungssystem im 2,4-GHz-Frequenzband vorbeizuführen, da kein manueller Kanalwechsel mehr erforderlich ist. Das System sucht sich automatisch aus dem zur Verfügung stehenden Frequenzspektrum einen freien Bereich. Fast unbegrenzte Kanalkombinationen halten schier unbegrenzte Möglichkeiten offen. Weiter sprechen Sicherheit sowie sehr kleine Sende- und Empfangsantennen für die neue Technologie – was das Hantieren mit der Fernsteuerung und das Unterbringen der Antenne am Modell erheblich vereinfacht (Abb. 5.14). Fortgeschrittene Heli-Piloten, die sich ein größeres und anspruchsvolleres Modell zulegen möchten, sollten sich deshalb für eine RC-Anlage entscheiden, die sich auf die 2,4-GHz-Technologie erweitern lässt. In RC-Komplettsets sind 2,4-GHz-Fernsteueranlagen derzeit noch die Ausnahme, es dominiert nach wie vor die klassische 35-MHz- oder 40-MHz-Technologie.

Abb. 5.13 – 2,4-GHz-Fernsteueranlagen sind an der kurzen Antenne zu erkennen.

Abb. 5.14 – Die 2,4-GHz-Empfangsantenne kann man wegen ihrer kompakten Abmessungen problemlos im Helikopter unterbringen.

5.8 Reichweite der Fernbedienung

RC-Einsteiger zeigen sich immer wieder verunsichert, was die Reichweite der Fernsteuerung anbelangt. Denn davon hängt ab, wie weit man ein Modell fliegen lassen kann, ohne dass der Funkkontakt abreißt. Bei einem Flugmodell braucht man sich keine Sorgen zu machen. Der Heli lässt sich über die Entfernung steuern, in der man ihn sieht, und sogar noch darüber hinaus. Das Problem ist deshalb nicht die Reichweite der Fernsteuerung, sondern die Erkennbarkeit des Hubschraubers. Nur wenn sich seine Lage in der Luft noch eindeutig ausmachen lässt, kann man ihn wieder zum Startplatz zurückmanövrieren. Erkennt man nicht mehr genau, in welche Richtung das Modell fliegt, besteht große Gefahr, es zu verlieren! Falsche Richtungsbefehle können dazu führen, dass Sie den Heli aus dem Sichtbereich verlieren, nicht mehr steuern können und er schließlich abstürzt. Vor allem sehr kleine Modelle sollte man deshalb nur in der näheren Umgebung fliegen lassen. Je größer der Hubschrauber ist, umso besser ist er noch in größerer Entfernung erkenn- und steuerbar.

6 Erster Flugversuch mit Flughilfe

RC-Hubschrauber bis rund 50 cm Länge sind laut Hersteller für den Flug in Innenräumen gedacht. Solche Modelle wiegen zusammen mit dem Akku oft weniger als 500 g und sind dadurch überaus windanfällig. In Wohnungen hat man aber meist viel zu wenig Platz, um einen Hubschrauber fliegen zu lassen. Außerdem ist davon abzuraten, weil der Heli bei den ersten Flugversuchen gern macht, was er will. Binnen weniger Sekunden können Schäden an Tischen, Kommoden, Heizkörpern oder anderem Mobiliar entstehen. Beherrscht man einen Hubschrauber noch nicht richtig, sollte man ihn keinesfalls auf Personen zufliegen lassen oder in deren unmittelbaren Nähe starten. Da sich die Rotorblätter mit rund 300 Kilometer pro Stunde drehen, können Verletzungen die Folge sein. Suchen Sie sich für Ihre ersten Flugversuche am besten eine frisch gemähte Wiese oder einen ausreichend großen Garten aus. Dort ist genug Platz, damit der RC-Helikopter in alle Richtungen ungestört fliegen kann. Denn er wird wahrscheinlich nicht gleich so fliegen, wie Sie das wollen. Je mehr Platz vorhanden ist, umso besser. Wiese oder Garten haben noch einen weiteren Vorteil: Kommt der Hubschrauber zu nah

Abb. 6.1 – Dieser Helikopter mit koaxialem Doppelrotor wiegt mit Akku nur 441 g.

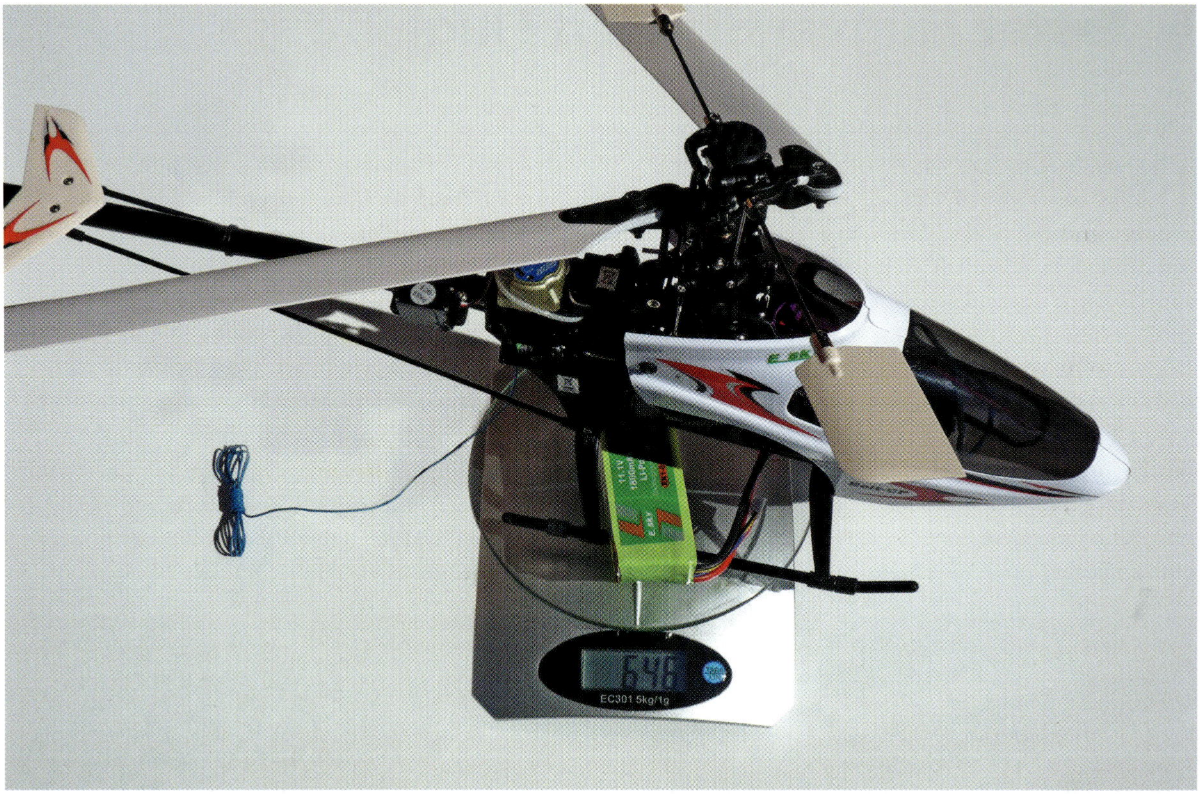

Abb. 6.2 – Dieser etwas größere Hubschrauber bringt rund 650 g auf die Waage.

Hubschrauber richtig in Betrieb nehmen

Ziehen Sie zuerst die Antenne der Fernsteuerung ganz aus, und schalten Sie anschließend den Sender ein. Vergewissern Sie sich, dass die Empfangsantenne am Modell vollständig ausgerollt ist und nicht in drehende Teile gelangen kann. Prüfen Sie, ob der Gashebel der Fernsteuerung in Motor-Leerlauf- oder Motor-Aus-Stellung steht. Bringen Sie nun den voll aufgeladenen Akku am RC-Hubschrauber in die vorgesehene Position und schließen ihn an. Jetzt kalibriert sich der Gyro des Helikopters in wenigen Sekunden. In dieser Phase darf der Helikopter nicht bewegt werden. Bei vielen Hubschraubern signalisiert eine LED, ab wann der Heli startklar ist.

Nach dem Flugbetrieb gehen Sie sinngemäß in umgekehrter Reihenfolge vor: Trennen Sie zuerst die beiden Stromanschlusskabel des Akkus vom Modell, und schalten Sie erst danach die Fernsteuerung aus.

an ein Hindernis, wie einen Baum oder Strauch, und Sie schaffen es nicht, ihn umzukehren, sind schnelle Notlandungen oft die einzige Rettung. Wenn Sie dabei das Gas zu stark zurücknehmen, fällt der Hubschrauber förmlich vom Himmel. Da er auf weichem Untergrund „landet“ sind die Schäden geringer, als wenn er auf Asphalt prallen würde.

6.1 Flughilfe aus Hula-Hoop-Reifen bauen

Für den Anfänger ist es eine Herausforderung, den Helikopter mit den beiden Steuerknüppeln in Balance zu halten und kontrolliert zu fliegen. Viele schaffen es zwar, den

Hubschrauber in die Luft zu bekommen. Was dann geschieht, ist aber dem puren Zufall überlassen. Meist begibt sich der Hubschrauber in kurzer Zeit in eine gefährliche Schräglage und fällt wie ein Stein zu Boden, obwohl sich die Rotorblätter noch schnell drehen. Schäden am Modell sind unvermeidbar, Sie können sie aber mit kleinen Tricks minimieren. Dazu brauchen Sie nur einen Hula-Hoop-Reifen Ihrer Kinder, preiswerte Varianten sind im Spielzeugfachhandel schon für wenige Euro erhältlich, und etwas Angelschnur. Der Reifendurchmesser muss größer als der Durchmesser des Hauptrotors sein. Damit auch der Heckrotor geschützt ist, sollte sich der gesamte Heli im Inneren des Reifens unterbringen lassen (Abb. 6.5). Jetzt spannen Sie zwei Angelschnüre in einem Abstand von rund 10 cm nebeneinander von beiden Seiten über die Mitte des Reifens (Abb. 6.4) und verknoten sie fest. An den gespannten Schnüren binden Sie nun den Helikopter in der Mitte an (Abb. 6.5) und legen den Reifen mit angebundenem Hubschrauber auf den Boden (Abb. 6.6). Da die Angelschnüre elastisch sind, geben sie etwas nach, sodass der Helikopter die Fernsteuerbefehle deutlich sichtbar ausführen kann. Da er festgebunden ist, können sich die Rotorblätter nicht im Boden verfangen, und umkippen kann der Heli auch nicht (Abb. 6.7). So können Sie viele potenzielle Abstürze und Schäden in der ersten Lernphase erfolgreich vermeiden.

Sogar im angebundenen Zustand werden Sie merken, dass es anfangs gar nicht leicht ist, den Flieger in Balance zu halten. Da Unfällen aber

Abb. 6.3 – Aus einem Kinderreifen lässt sich eine gute Übungshilfe für den Helikopter basteln.

vorgebeugt ist, haben Sie eine gute Möglichkeit zum Üben. Meist schafft es der Hubschrauber, mit dem Reifen in die Luft abzuheben, obwohl sich die erreichbaren Höhen in Grenzen halten. Auch im Flug profitiert man vom Reifen, der unkontrollierte Bewegungen zwar im Ansatz zulässt, aber auch hier Schlimmeres zu vermeiden hilft. Der Reifen unterstützt Sie auch beim Kennenlernen des neuen Hubschraubers. Wenn Sie noch keine Erfahrung haben, wie man Hubschrauber und Fernsteuerung aufeinander abstimmt, können Sie mit der Flughilfe Unfällen und Schäden vorbeugen. Vor dem ersten „richtigen" Flug sollte man außerdem am Flugsimulator üben (Kapitel 8) und die Flugübungen nach Kapitel 9 beherrschen.

Abb. 6.4 – Spannen Sie im Abstand von rund 10 cm zwei Angelschnüre parallel.

Abb. 6.5 – Der Lernreifen muss so groß sein, dass der gesamte Hubschrauber hineinpasst.

Abb. 6.6 – Der Reifen bildet eine gute Grundlage, ausbalanciert fliegen zu lernen.

Abb. 6.7 – Kippt der Heli zur Seite, hält ihn der Reifen fest, sodass die Rotorblätter geschont werden.

Abb. 6.8 – Schließlich gelingt mit dem Reifen der ausbalancierte und kontrollierte Flug.

Erste Flugversuche – nur in geringer Höhe!

Manchen Anfänger reizt es, den Helikopter möglichst hoch fliegen zu lassen. Aber gerade darauf kommt es nicht an – ganz im Gegenteil. Denn je höher der Heli fliegt, umso tiefer fällt er bei Fehlsteuerungen, von denen Anfänger kaum verschont bleiben. Mit zunehmender Flughöhe steigt deshalb die Wahrscheinlichkeit eines Totalschadens! Helis können auch knapp über dem Erdboden gut fliegen. Ein halber Meter bis 1 m Flughöhe über dem Erdboden reichen aus, um den Helikopter beherrschen zu lernen.

Abb. 6.9 – Beim Fliegen kommt es nicht auf die Höhe an, sondern darauf, wie gut man sein Fluggerät beherrscht.

6.2 Vorsicht beim Fliegen mit kaputten Rotorblättern

Hat man noch keine Erfahrung im Steuern eines RC-Helis, dauert es nach dem Start mitunter nur Sekunden, bis sich die Rotorblätter im Erdboden verfangen – auch wenn Sie vorher mit Flughilfe und Flugsimulator geübt haben. Wegen der hohen Drehzahlen und auftretenden Kräfte sind dabei Schäden so gut wie vorprogrammiert. Oft genug bricht dabei ein Stück eines Rotorblatts ab. Da der Neuling meist kaum Reserverotorblätter griffbereit hat, stellt sich schnell die Frage, ob der Hubschrauber nicht auch mit angeschlagenen Rotorblättern flugtauglich ist. Zumindest RC-Koaxial-Hubschrauber fliegen noch, wenn ihre Rotorblätter nicht mehr ganz in Ordnung sind. Ist zum Beispiel eine Spitze eines Flügels abgebrochen, lässt sich der Heli trotzdem in die Lüfte heben. Das funktioniert auch dann noch, wenn drei Rotorblätter leicht ramponiert sind. Richtiger

Flugspaß kommt jedoch nicht mehr auf, weil die Flugeigenschaften des Modells stark eingeschränkt sind. Versuchen Sie, mit abgebrochenen Blättern der unteren Rotorebene zu fliegen, wird der „Vogel“ kaum noch vom Boden abheben. Diese Rotorblätter übernehmen die wichtigsten Steuerfunktionen des Hubschraubers, wie das Vor-, Zurück- und Seitwärtsfliegen. Schon Kerben in den oberen Rotorblättern verhindern ein ruhiges Flugverhalten.

Schließlich sind intakte Rotorblätter auch für die Rotorantriebswelle lebenswichtig. Einzelne defekte Blätter rufen eine Unwucht hervor, die die Antriebswelle und damit alle Rotorblätter schlagen lässt. Abgesehen von der hohen mechanischen Beanspruchung, lässt sich das Modell dadurch deutlich schwieriger steuern. Sie erweisen sich keinen Dienst, wenn Sie versuchen, den Tausch der Rotorblätter auf die lange Bank zu schieben. Denn mit defekten oder sogar teilweise abgebrochenen Blättern lernen Sie nicht, einen RC-Hubschrauber sicher zu beherrschen. Mit neuen Rotorblättern hat das Fluggerät andere Flugeigenschaften, sodass das Fliegenlernen wieder neu beginnt.

Abb. 6.10 – Mit teilweise abgebrochenen Rotorblättern ist der Hubschrauber kaum noch zu steuern.

7 Helikopter justieren – Flugeigenschaften verbessern

Um am Heliflug Spaß zu haben, sind diverse Einstellungen am Modell und an der Fernsteuerung erforderlich. Bei einfachen Komplettsets beschränkt sich diese Aufgabe meist auf Feineinstellungen an der Fernsteuerung, in die seitlich der beiden Steuerknüppel je zwei Schieberegler eingebaut sind. Damit trimmt man die vier Grundfunktionen Roll, Nick, Pitch und Heck (Kapitel 2). Passen die Einstellungen der Regler nicht, kann der Heli in eine gefährliche Schräglage kommen, sobald Sie etwas mehr Gas geben. Dabei muss der Hubschrauber noch nicht einmal abheben. Tänzelt er im Kreis oder bewegt er sich vor oder zurück, ohne dass Sie die beiden Steuerknüppel aus ihrer neutralen Ruhelage gebracht haben, ist das Justieren der Trimmregler notwendig. Geben Sie dazu gerade so viel Gas, dass der Hubschrauber noch nicht abhebt, und versuchen Sie der Reihe nach durch Verändern der Schieberegler die Neutralpositionen einzustellen. Sie haben diese gefunden, wenn der Heli weitgehend ruhig an seinem Platz stehen bleibt. Eine gewisse Restbewegung müssen Sie allerdings in Kauf nehmen. Selbst Profis sagen, es sei kaum machbar, einen Hubschrauber 100-prozentig auszutrimmen.

Nicht nur die Fernsteuerung muss man austrimmen. Verschiedene Einstellungen, die die Flugeigenschaften spürbar verbessern können, sind vor allem an höherwertigeren RC-Hubschraubern vorzunehmen. Da davon allerdings Hobbyeinsteiger kaum eine Ahnung haben, mühen sie sich bei den ersten Flugübungen mit einem unzureichend justierten Modell unnötig ab. Hier kann die Hilfe eines Profis wertvolle Dienste leisten. Die folgenden Unterkapitel beschreiben, worauf es beim Justieren ankommt und wie Sie dabei genau vorgehen.

Was ist trimmen?

Darunter versteht man das Ausrichten von Körpern in eine gewünschte Lage. In der Luftfahrt sorgt die Trimmung für eine stabile Flugsituation. Beim Hubschrauberflug wird zum Beispiel durch das aufeinander Abstimmen der einzelnen Bewegungen zueinander eine ruhige Stellung des Fluggeräts in der Luft erreicht.

7.1 Spurlauf der Rotorblätter

Beide Blätter des Hauptrotors sind einzeln am Rotorkopf befestigt. Um ein präzises Steuer- und Flugverhalten zu garantieren, müssen sich beide Blätter des Hauptrotors exakt in einer Ebene drehen. Um das zu überprüfen, lassen Sie den Rotor laufen, wenn das Modell noch am Boden steht, und beobachten Sie dabei die Blattspitzen. Anhand farbiger Markierungen, die Sie an den Spitzen anbringen können, erkennen Sie leicht, ob sich beide Blätter am selben Umlaufpunkt in gleicher Höhe befinden (Abb. 7.1). Sollte dies nicht der Fall sein, korrigieren Sie die Drehhöhe beider Rotorblätter, indem Sie deren Anstellwinkel ändern. Dazu lösen Sie die Gelenkstangen, je eine pro Rotorblatt, an

Abb. 7.1 – Bei diesem Heli bewegen sich beide Rotorblätter in verschiedenen Höhen, was die Flugeigenschaften verschlechtert.

Abb. 7.2 – Durch Drehen der Gelenkstange im Uhrzeigersinn …

einer Seite des Rotorkopfs, um ihre Länge anzupassen. Durch Herein- oder Herausschrauben der Gelenkelemente an den Enden können Sie deren Gesamtlänge verändern. Eine Drehung im Uhrzeigersinn erhöht den Anschlagwinkel, das Rotorblatt erhält mehr Auftrieb und wird angehoben (Abb. 7.3 und 7.4). Eine Drehung entgegen dem Uhrzeigersinn vermindert den

Abb. 7.3 und Abb. 7.4 – ... wird das rechte Rotorblatt angehoben.

Abb. 7.5 – Nach der Justierung drehen sich beide Rotorblätter in exakt gleicher Höhe.

Anstellwinkel und damit den Auftrieb, sodass das Rotorblatt abgesenkt wird. Überprüfen und korrigieren Sie den Spurlauf an beiden Rotorblättern so lange, bis beide Blätter in exakt gleicher Höhe sind (Abb. 7.5).

7.2 Gyro

Der Gyro dämpft ungewollte Bewegungen um die Hochachse (Kapitel 4.6). Er wirkt Störeinflüssen entgegen, indem er den Anstellwinkel der Heckrotorblätter verändert. Dadurch stabilisiert sich das Heck im Flug und kann nicht durch Luftzug oder Wind zur Seite abgedreht werden. Der Gyro stabilisiert sich in wenigen Sekunden, sobald Sie den Akku am Modell anschließen. In dieser Zeit dürfen Sie den Hubschrauber nicht bewegen. Die Ansprechempfindlichkeit des Gyro können Sie bei einfachen Modellen mit einer Stellschraube justieren (Abb. 7.6). Bei elektronischen Systemen geschieht das menügeführt durch eingebaute Tasten und ein kleines Display. Je weiter Sie den Regler in Stellung „+" drehen, desto stärkere Korrekturbewegungen veranlasst der Gyro. Drehen Sie den Regler zu weit in den Plusbereich, neigt der Helikopter zu Pendelbewegungen um die Hochachse. In diesem Fall verringern Sie die Ansprechempfindlichkeit des Gyro ein wenig. Überprüfen Sie schließlich, ob sich seine Empfindlichkeit nach der Einstellung wie gewünscht verändert hat. Haben Sie ihn mehr in den Plusbereich gedreht, um eine stärkere Wirkung zu erzielen, muss der Servo markanter ausschlagen als bei „Minus". Gyros können auch einen Reverseschalter besitzen, mit dem man die Wirkungsrichtung umpolen kann: Aus „Plus" wird „Minus" und umgekehrt.

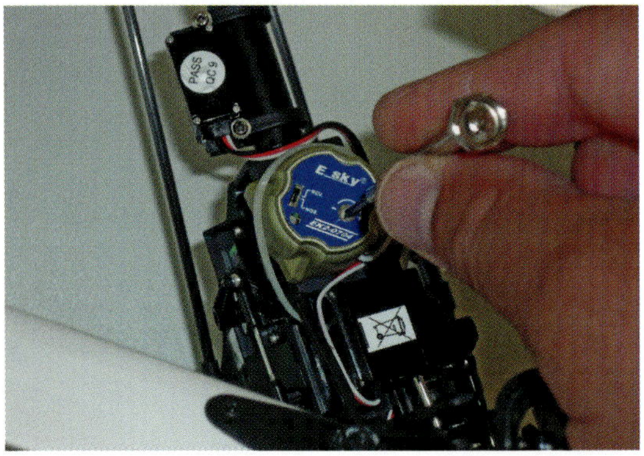

Abb. 7.6 – Die Ansprechempfindlichkeit wird bei diesem Gyro mit einem kleinen Schraubendreher eingestellt.

7.3 Taumelscheibe

Die Taumelscheibe (Kapitel 4.2) ist über Gelenkstangen, die die Scheibe bewegen, mit den Servomotoren verbunden (Abb. 7.8). Um die Taumelscheibe zu justieren, richten Sie die Gestänge so aus, dass diese die Scheibe absolut waagerecht halten, wenn die Fernsteuerknüppel in Neutralposition stehen. Durch weiteres Hinein- oder Herausschrauben können Sie die Länge der Gelenkstangen separat einstellen und nachjustieren.

Abb. 7.7 – Die Taumelscheibe (Pfeil) muss absolut waagerecht ausgerichtet sein, wenn die Fernsteuerknüppel in Neutralposition stehen.

Abb. 7.8 – Sie justieren die Taumelscheibe, indem Sie die Länge der Gestänge verändern.

7.4 Heckrotor

Wenn die Lage des Heckrotors nicht stabil bleibt, müssen Sie seine mechanische Ansteuerung korrigieren. Bewegen Sie dazu den Fernsteuerhebel und die Trimm- oder Schieberegler für die Heckfunktion in Mittelstellung. Der Servosteuerhebel sollte jetzt senkrecht zum Heckausleger stehen, was allerdings je nach Helikoptermodell variieren kann. Entscheidend ist jedoch, dass der Servo in seiner Neutrallage ausgerichtet ist (Abb. 7.9) und so zu beiden Richtungen den vollen Ausschlag entfalten kann, um den Heckrotor zu steuern. Ist dies nicht der Fall, müssen Sie das Gestänge wie bei der Taumelscheibe in der Länge anpassen. Um den Anstellwinkel (Pitch) des Heckrotors zu verändern, ist ein Blick ins beiliegende Handbuch erforderlich.

7.5 Hubschrauber ins Gleichgewicht bringen

Die Flugeigenschaften eines ferngesteuerten Hubschraubers beeinflusst nicht nur die Justierung, sondern auch die Gewichtsverteilung. Diese ist dann ideal, wenn der Heli rund um seine Hauptrotorachse waagerecht und damit im Gleichgewicht ist. Hebt man ihn am Rotorkopf an, sollte er sich weder vor oder zurück noch zur Seite neigen. Sonst würde sich durch die Schräglage eine bevorzugte Flugrichtung ergeben, der man mit der Fernsteuerung ständig entgegenwirken müsste, was sich auf das Flugverhalten negativ auswirkt.

Flugfertige Modelle aus Komplettsets sind meist im Gleichgewicht. Dabei wurde auch das Gewicht des mitgelieferten Akkus berücksichtigt. Wenn Sie einen leistungsstärkeren Akku mit

Abb. 7.9 – Der Servo, der den Heckrotor steuert, muss in Neutrallage ausgerichtet sein.

Abb. 7.10 – Bei diesem Modell kann man den Anstellwinkel der Heckrotorblätter auf einem Drittel der Länge der Rotorachse mit einer Schraube einstellen.

mehr Gewicht einbauen, müssen Sie deshalb an geeigneten Stellen am Modell Gegengewichte befestigen. Beim erforderlichen Ausbalancieren des Hubschraubers brauchen Sie nur grobe Mängel in der Gewichtsverteilung auszugleichen. Sie müssen den Heli also nicht bis aufs letzte Gramm genau ins Gleichgewicht bringen. Die Modelle tolerieren teilweise Ungleichgewichte, die dadurch beim Flugbetrieb nicht auffallen. Ein Beispiel sind Hubschrauber mit Verbrennungsmotoren. Ihre Gewichtsverteilung ändert sich beim Flug ständig, weil der Füllstand des Tanks fortlaufend geringer wird. Trotzdem kann man mit diesen Modellen bis zuletzt tolle 3-D-Kunstflug-Figuren fliegen (Kapitel 10).

8 Flugsimulator optimal nutzen

Heli fliegen kann jeder lernen. Wie so oft im Leben, so gilt aber auch hier: Ohne Fleiß kein Preis. Nachdem Sie sich mit den Grundlagen des Hubschraubers und den Details zu Fernsteuerung und Co vertraut gemacht haben, fühlen Sie sich vielleicht schon fit für die ersten Flugversuche im Freien. Doch Vorsicht! Wenn Sie noch niemals einen Hubschrauber geflogen haben, werden Sie schnell feststellen, dass viel Übung erforderlich ist, um das theoretische Wissen in der Praxis erfolgreich umzusetzen. Denn jede Fehlfunktion ist für den Heli sehr gefährlich. Es treten deutlich schneller erste Schäden auf, als Sie vermuten würden – vor allem Rotorblätter sind gefährdet. Wenn Sie gleich am ersten Flugtag mehrere Rotorblättersätze „verbrauchen“, geht das richtig ins Geld. Heli fliegen kann man auch deutlich preiswerter lernen. Der erste Schritt dahin beginnt am heimischen PC mit dem Flugsimulator.

8.1 Die Software

Flugsimulatoren-Software ist in allen erdenklichen Varianten und Ausführungen erhältlich. Obwohl schon einfache Programme einen guten Einstieg ermöglichen, ist eine hochwertige Software zu empfehlen. Sie liefert ein authentischeres Flugerlebnis und lässt sich häufig mit originalen RC-Fernsteuerungen bedienen. In RC-Fernsteuerungen ab der fortgeschrittenen Einsteigerklasse ist eine Schnittstelle eingebaut, über die man den Sender per USB an den Rechner andocken kann. Zu anderen Softwares gehört eine USB-Fernsteuer-Einheit, die für das gleiche Flug-Feeling wie mit einer originalen RC-Fernsteuerung sorgt.

Auch wenn eine gute Software mehr als 100 Euro kostet, ist sie ihr Geld wert. Wie schnell sich die Investition rechnet, erfährt man, wenn man sich die Preise für Ersatzteile anschaut, die am häufigsten zu Bruch gehen. Der Flugsimulator macht sich deshalb mitunter schon am ersten Übungstag bezahlt – und Flugsimulatoren haben weitere Vorteile. Man kann nach einem Crash sofort weiterfliegen, ohne das Modell reparieren zu müssen. Die Software ermöglicht es außerdem, mehrere Hubschraubermodelle auszuwählen. Sie erfahren dadurch, wie sich kleine leichte Modelle und größere schwere Modelle in Abhängigkeit von verschiedenen Windsituationen beim Flug verhalten. Flugsimulatoren sind deshalb auch nicht nur etwas für Anfänger. Profis nutzen sie, weil sie Spaß machen und weil man damit Kunstflugfiguren üben kann, ohne etwas kaputt zu machen.

8.1.1 Im Detail

Stellvertretend für alle Flugsimulatoren informiert dieses Unterkapitel über EasyFly 3 von Ikarus. Die Software hält mehrere Hubschraubermodelle von ganz klein bis ganz groß bereit. Für erste Flugversuche ist ein Modell ab etwa 1 kg Gewicht zu empfehlen. Etwas größere Helikopter trotzen nicht nur dem Wind, sondern sind auch etwas behäbiger zu steuern, was dem Anfänger zugute kommt.

Vor dem ersten Flug müssen Sie zunächst die virtuelle Fernsteuerung konfigurieren. Dafür sollten Sie die Einstellungen wählen, die Sie auch am echten Hubschrauber nutzen möchten. Die freie Wahl der Einstellungen ist auch nützlich, wenn Sie ein einfaches RC-Heli-Komplettset zu Hause haben, das keine Umprogrammierung der Fernsteuerung zulässt. Balkenanzeigen können bei der Kalibrierung der einzelnen Kanäle helfen (Abb. 8.2). Um den Heli am PC praxisgerecht fliegen zu können, können Sie Windgeschwindigkeiten, Thermik, Turbulenzen und Windrichtung einstellen (Abb. 8.3). Von windstillen Idealvoraussetzungen bis zum Sturm ist alles möglich. Wenn Sie das Fliegen eines Heli schon etwas beherrschen, können Sie mit der Software ausprobieren, ob und wie gut sich verschiedene Hubschraubergrößen bei diversen Witterungen fliegen lassen. Sind Sie dagegen ein RC-Heli-Einsteiger, sollten Sie für die ersten Flugversuche den Flugsimulator auf eine windstille Umgebung programmieren. Denn selbst unter optimalen Bedingungen ist das Fliegenlernen schwierig genug.

Zum Funktionsumfang vieler Flugsimulatoren gehört auch, das Gelände für die Übungsflüge bestimmen zu können. Verschiedene Softwares halten dafür fotorealistische Umgebungen bereit. Als Anfänger sollte man das Gelände unter dem Aspekt möglicher Hindernisse auswählen. Stehen in unmittelbarer Nähe des Startplatzes Sträucher oder Bäume, läuft man Gefahr, schneller in sie hineinzufliegen als einem lieb ist.

Abb. 8.1 – Mit dem Flugsimulator können Sie verschiedene Hubschrauber auswählen, die sich in ihren Flugeigenschaften unterscheiden.

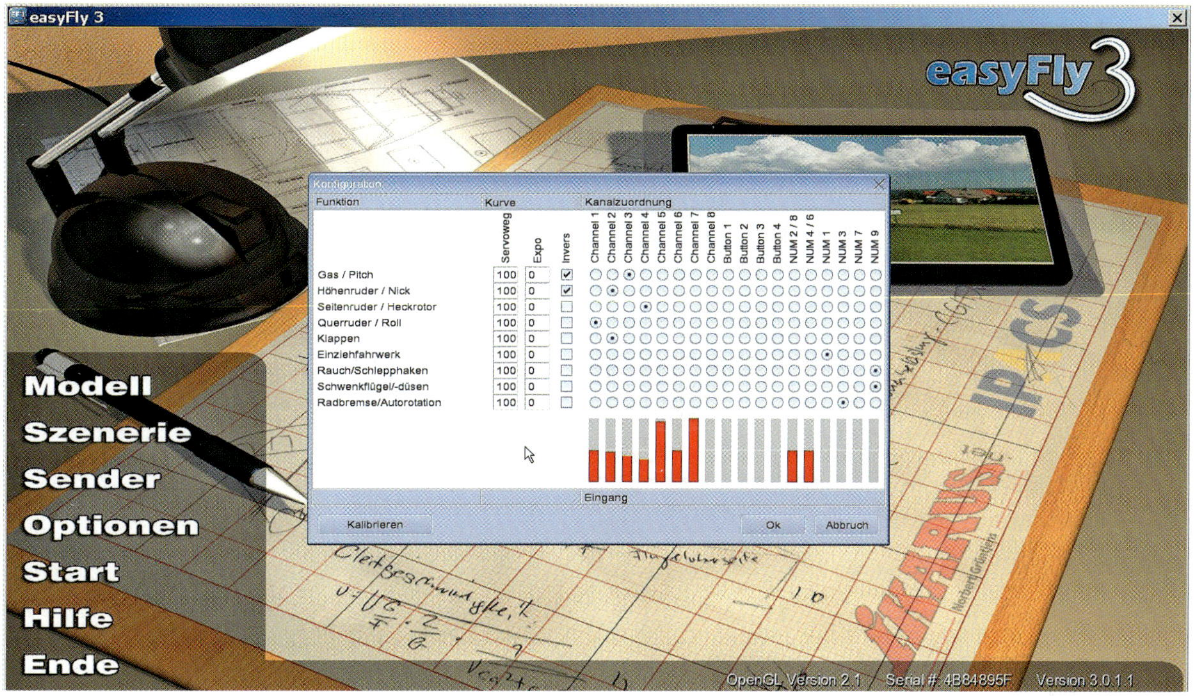

Abb. 8.2 – Wie bei „echten" Fernsteuerungen der gehobenen Einsteigerklasse können Sie den Kanälen die einzelnen Funktionen zuordnen.

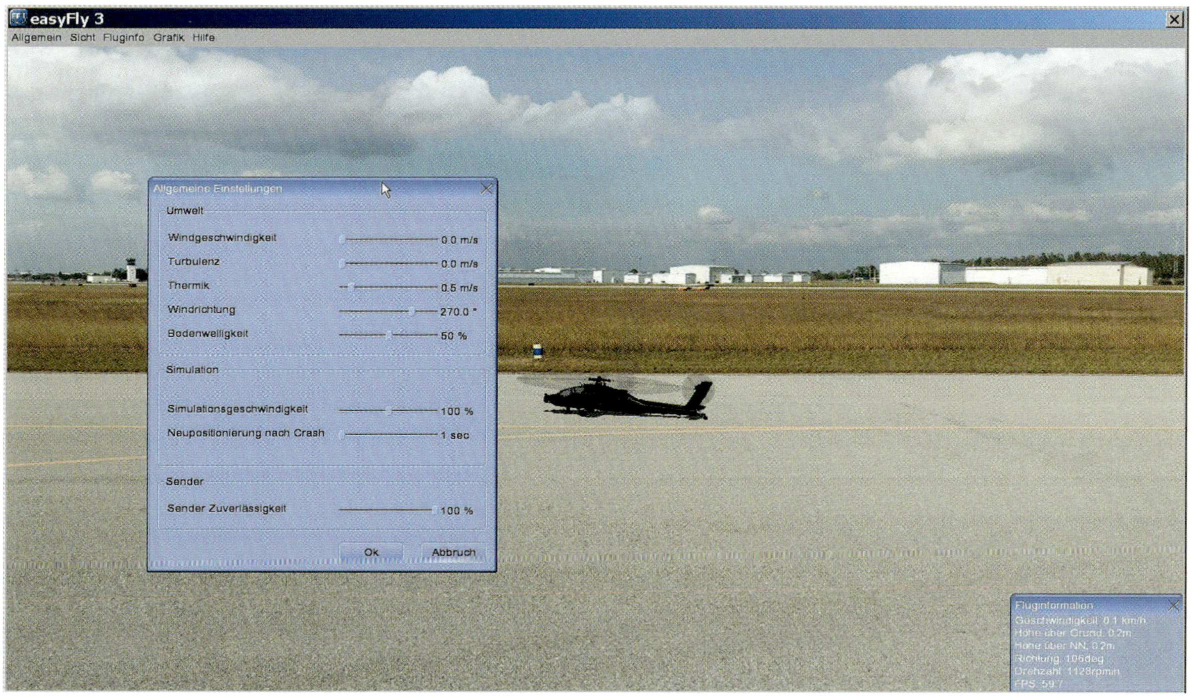

Abb. 8.3 – Hochwertige Flugsimulatoren ermöglichen es, Umwelteinflüsse zu programmieren.

Abb. 8.4 – Dieses Gelände eignet sich kaum für Anfänger. Schneller als vermutet landet der Heli (Pfeil) auf dem Dach.

Heck schauen (Abb. 8.5). Meist machen das die Softwares automatisch, sodass Sie den Hubschrauber nicht ausrichten müssen. Nur wenn Sie den Hubschrauber von hinten sehen, fliegt er Kurven in die Richtung, in die Sie die Steuerknüppel bewegen.

Sobald Sie den Hubschrauber starten, merken Sie, dass nicht viel dazu gehört, ihn in die Luft zu bringen. Doch sobald er in der Luft ist, macht er scheinbar, was er will, und Sie werden Mühe haben, ihn irgendwie am Schweben zu halten. Anfänger bewegen oft die Steuerknüppel zu weit in eine Richtung und übersteuern dadurch das Flugobjekt. Sie müssen stets vorausschauend fliegen und abschätzen, welche nicht gewollte Bewegung der Hubschrauber demnächst ausführen könnte. Diesem Ausscheren müssen Sie rechtzeitig mit anders geneigten Rotorblättern gegensteuern, die für jede Richtungsänderung im dreidimensionalen Raum verantwortlich zeichnen. Helis führen die Steuerbefehle etwas träge aus, weil sich die Rotorblätter erst in die neue Lage ausrichten müssen. Stellen Sie sich den Vorgang wie beim Bremsen eines Autos vor. Der Pkw bleibt auch nicht augenblicklich stehen, sobald Sie mit voller Kraft auf das Bremspedal treten. Wollen Sie Ihr Fahrzeug anhalten, müssen Sie die dafür erforderlichen Maßnahmen schon

8.2 Erste virtuelle Flugschritte

Machen Sie sich zuerst mit dem richtigen Lenken des Helikopters vertraut. Dafür müssen Sie zunächst ein Gefühl für den RC-Hubschrauber entwickeln. Für die ersten Lernversuche stellen Sie ihn so auf, dass Sie auf sein

Abb. 8.5 – Wenn Sie auf das Heck des Helis schauen können, ist er in Startposition.

Abb. 8.6 – Das kennt jeder Anfänger: Gleich nach dem Start driftet der Hubschrauber zur Seite ab und verunglückt schließlich.

früher in Gang setzen. Genauso verhält es sich auch beim Fliegen eines Modellhubschraubers. Man muss deshalb Flugverläufe abschätzen und vorher behutsam gegensteuern, damit sich der Heli nicht ruckartig bewegt. Schon nach wenigen Minuten sollte es Ihnen gelingen, den Hubschrauber halbwegs kontrolliert schweben zu lassen. Damit haben Sie die Grundlage für die weiteren Übungsschritte gelernt.

8.2.1 Geduld beweisen

Heli fliegen zu lernen ist nicht gerade einfach. Auch wenn Sie fleißig am Simulator üben, werden Sie mehrere Tage brauchen, bis Sie die wichtigsten Grundfunktionen gut beherrschen. Machen Sie zwischendurch immer einmal eine Pause. Wenn man eine längere Zeit am Stück am Simulator geübt hat, lässt die Konzentration nach, und man begeht nur noch Fehler. In solchen Momenten sollte man den PC ausschalten und das Training vertagen.

9 Schritt für Schritt zum Flugerfolg

Die folgenden Flugübungen sollten Sie zuerst am Flugsimulator und erst danach im Freien machen. Sie helfen Ihnen, Ihren RC-Hubschrauber Schritt für Schritt kennen und beherrschen zu lernen. Die Übungen bauen aufeinander auf und geben Ihnen nicht nur Sicherheit im Umgang mit dem Steuergerät. Die Lektionen helfen auch, Schäden am Helikopter auf ein Mindestmaß zu begrenzen. Wenn Sie schließlich alle Bedienschritte am Flugsimulator beherrschen und die Steuerbefehle feinfühlig geben können, sollte Ihnen der Einstieg ins „echte" Helifliegen nicht allzu schwerfallen. Glauben Sie jedoch nicht, dass Sie dann schon perfekt fliegen können – auch dann nicht, wenn der letzte Crash am Flugsimulator schon lange zurückliegt. Denn am PC zu üben ist eine Sache, reales Fliegen eine andere. Ratsam ist deshalb, auch im Freien mit Übung 1 zu beginnen, denn jeder Hubschrauber reagiert anders. Diese Erfahrung können Sie bereits am Flugsimulator machen, wenn Sie eine Übung, die Sie beherrschen, anschließend mit einem anderen Modell wiederholen.

Übung 1: Heli und Fernsteuerung kennenlernen

Für die ersten Flugversuche sollte es möglichst windstill sein. Das ist umso wichtiger, je leichter das Modell ist. Stellen Sie den Helikopter in

Abb. 9.1 – In der ersten Übung lernen Sie, den Hubschrauber in der Startphase unter Kontrolle zu halten.

Windrichtung so auf, dass Sie den Hubschrauber von hinten sehen. Die Distanz zwischen Ihnen und dem Fluggerät sollte rund 4 m betragen. Achten Sie darauf, dass der Gassteuerknüppel, mit dem Sie die Drehzahl des Rotors regeln, am unteren Anschlag steht (Kapitel 5.1). Geben Sie nun langsam und vorsichtig Gas, indem Sie den Knüppel behutsam nach oben drücken. Bei nur geringer Drehzahl wird der Hubschrauber am Boden stehen bleiben. Erhöhen Sie jetzt das Gas, bis der Heli zu „schwimmen" beginnt, also kurz davor steht abzuheben. Beobachten Sie die Heckfunktion, und versuchen Sie, die Nase des Helis im Wind zu halten. Sobald sich der Hubschrauber in eine Richtung zu neigen beginnt, nehmen Sie langsam das Gas wieder zurück. Anschließend versuchen Sie erneut, den Heli kurz vor dem Abheben in Position zu halten. Nur wenn Sie das schaffen, kann der Hubschrauber nicht sofort nach dem Abheben ungewollt in eine Richtung abdriften.

Übung 2: Erste Schwebeversuche

Wenn Sie den Heli kurz vor dem Abheben in Position halten können, können Sie sich an die ersten richtigen Flugversuche wagen. Stellen Sie dazu Ihr Fluggerät wieder so auf, dass Sie das Heck sehen. Das erleichtert es, ein Gefühl für Korrekturbefehle zu entwickeln. Geben Sie etwas mehr Gas, sodass der Helikopter abhebt und rund 20 cm bis 30 cm über dem Erdboden schwebt. Die geringe Höhe erleichtert im Ernstfall das Landen und hilft so, größere Schäden zu vermeiden. Beim Schweben wird der Helikopter versuchen, in eine beliebige Richtung wegzudriften. Reagieren Sie sofort, und steuern

Abb. 9.2 – Erste Schwebeversuche in geringer Höhe über dem Erdboden.

Sie gegen. Da Sie die Korrekturbefehle bei den ersten Schwebeversuchen noch verzögert ausführen werden, sollte der Hubschrauber in alle Richtungen ausreichend Platz haben. Achten Sie darauf, dass Sie in dieser frühen Lernphase den Heli wie zu Beginn dieser Übung immer von hinten sehen, und vermeiden Sie das Fliegen von Kurven. Führen Sie außerdem die Korrekturimpulse behutsam aus, indem Sie die Steuerknüppel nur wenig bewegen und so nur kleine Korrekturbefehle abgeben. Sie werden erstaunt sein, wie sehr der Hubschrauber selbst auf kleine Steuerimpulse reagiert, die zu den gewünschten Reaktionen führen. Geben Sie dagegen zu ausgeprägte Steuerbefehle, reagiert der Hubschrauber zu stark und kommt dadurch in Schieflagen, die meist mit dem Absturz des Modells enden.

Versuchen Sie stets, den schwebenden Hubschrauber an seinem Ort zu halten. Beginnt das Modell zu wandern, werden Sie Mühe haben, es wieder „einzufangen“. Statt sehr feinfühliger Steuerbefehle sind dann deutlichere Bewegungen der Steuerknüppel erforderlich, um das „ausgebrochene“ Fluggerät wieder unter Kontrolle zu bringen. Fühlen Sie sich der Situation noch nicht gewachsen, landen Sie den Heli behutsam, und versuchen Sie es erneut. Je mehr Sie üben, umso besser werden Sie den Modellhubschrauber an seinem Platz halten können. Sie bekommen außerdem mehr Sicherheit, beginnende Driftbewegungen rechtzeitig abzufangen.

Abb. 9.3 – In dieser frühen Lernphase sollte man den Hubschrauber immer von hinten sehen.

Übung 3: Landen lernen

Versuchen Sie, während Sie Übung 2 ausführen, immer wieder einmal kontrolliert zu landen. Denn so leicht das Abheben und Fliegen von der Hand gehen, umso schwieriger ist das Landen. Vor allem bei ersten Flugversuchen werden Sie feststellen, dass der Hubschrauber schnell an Fahrt gewinnt, was das sichere Landemanöver massiv erschwert. Der Heli lässt sich so zwar bis zum Erdboden manövrieren. Wenn aber ein Rad oder eine Kufe den Erdboden berühren, wird durch die hohe Geschwindigkeit die Vorwärtsbewegung des Hubschraubers abrupt gebremst. Dadurch kippt er meist um, und Rotorblätter sind wahrscheinlich kaputt. Damit das nicht passiert, müssen Sie die Fluggeschwindigkeit für den Landeanflug drosseln, indem Sie der Bewegungsrichtung entgegenwirken – schließlich hat der Hubschrauber keine klassischen Bremsen. Wenn er vorwärts fliegt, ist seine Nase nach unten gedrückt (Nickfunktion). Sie verringern in diesem Fall seine Geschwindigkeit, indem Sie die Nickfunktion mit dem Steuerknüppel etwas zurücknehmen. Dadurch ist der Hubschrauber nicht mehr schräg nach vorne geneigt, sondern fliegt waagerecht oder sogar etwas schräg nach hinten geneigt (Abb. 9.5). Wenn Sie eine Seitwärtsbewegung abbremsen möchten, steuern Sie mit der Rollfunktion dagegen. So können Sie die Geschwindigkeit relativ leicht beim Landeanflug drosseln. Setzen Sie nun behutsam zur Landung an, indem Sie die Pitchfunktion und damit die Rotordrehzahl nur langsam verringern, sodass der Heli zu sinken beginnt. Sollte Ihr „Bremsmanöver“ nicht gelingen und ein möglicher Crash bevorstehen, haben Sie so noch

Abb. 9.4 – Dieser Heli ist verunglückt, weil er beim Landeversuch zu schnell geflogen ist.

Abb. 9.5 – Der Heli wird durch die schräge Neigung nach hinten im Vorwärtsflug gebremst.

Zeit genug, die Landung abzubrechen, indem Sie mit dem Pitchregler wieder mehr Gas geben. Nachdem der Heli wieder gestiegen ist, können Sie mit dem nächsten Landeversuch beginnen, bei dem Sie sicher mehr Glück haben werden.

Übung 4: In verschiedenen Höhen schweben

Nachdem Sie gelernt haben, den Hubschrauber knapp über dem Boden zu halten, können Sie mehr Flughöhe anpeilen. Dafür stellen Sie den Hubschrauber wie gehabt so auf, dass Sie auf sein Heck schauen, und lassen ihn so vom Erdboden abheben. Beginnen Sie mit einer Flughöhe von ungefähr einem halben Meter, und versuchen Sie, den Helikopter für mindestens 30 Sekunden in Position zu halten. Anschließend landen Sie ihn wieder. Üben Sie das so oft, bis Sie sich dabei absolut sicher fühlen. Dadurch sammeln Sie wichtige Erfahrungen, wie Sie am sichersten abheben, schweben und wieder landen. Machen Sie die Übung anschließend in etwas größerer Höhe von rund 1 m bis eineinhalb Metern, und lassen Sie den Hubschrauber wieder ruhig schweben. Beginnt er zu driften, nehmen Sie das Gas und damit die Pitchfunktion umgehend, aber behutsam etwas zurück. Warten Sie damit zu lange, gewinnt der Hubschrauber an Geschwindigkeit und macht meistens eine Bruchlandung. In Bodennähe ist die Driftgefahr besonders groß, weil sich ein Luftpolster bildet, auf dem der Heli „schwimmt" und dadurch unruhig wird. Man spricht auch vom Bodeneffekt. In mehr als 1 m Schwebehöhe verhält sich der Helikopter schon viel ruhiger. Das ändert sich allerdings wieder in größeren Höhen, in denen es äußerst schwierig ist, den Hubschrauber an einem Punkt zu halten. Versuchen Sie auch hier, die Driftbewegungen unter Kont-

Abb. 9.6 – Je mehr Sicherheit Sie gewinnen, umso höher können Sie den Hubschrauber im Schwebeflug steigen lassen.

rolle zu bekommen, und verhindern Sie, dass der Hubschrauber in Fahrt kommt. Trainieren Sie diese Schwebeübungen so lange, bis Sie sie perfekt beherrschen. Erst dann sollten Sie sich mit weiteren Übungen beschäftigen. Versuchen Sie sich nicht zu früh mit Rundflügen. Sie kommen sonst schneller in kritische Situationen, als Ihnen lieb ist.

Übung 5: Im Schwebeflug rollen

Bis jetzt haben Sie versucht, Ihren Hubschrauber in verschiedenen Höhen stabil in der Luft zu halten. Ziel dieser Übung ist, den Heli kontrolliert aus seiner Ruheposition langsam nach links und rechts fliegen zu lassen. Die Flugrichtung des Modells sollte dabei stets beibehalten werden. Dadurch müssen Sie nicht überlegen, in welche Richtung Sie den rechten Steuerhebel bewegen müssen, um die gewünschte Flugrichtung zu erreichen. Steuern Sie den Hubschrauber mit der Rollfunktion, damit er durch leichtes Schrägstellen um seine Längsachse seitwärts abdriftet. Ziele dieser Übung sind, den Hubschrauber beim Rollen auf Flughöhe zu halten und die Rollbefehle mit den Steuerknüppeln so feinfühlig zu geben, dass sich der Heli nur leicht entlang seiner Längsachse neigt. Bewegen Sie dazu den rechten Steuerknüppel nur wenig und kurz aus seiner Mittelstellung heraus, und lassen Sie ihn danach wieder zur Mittelstellung zurückfedern. Schon sehr kurze Impulse genügen, um den Hubschrauber so weit

Abb. 9.7 – Lassen Sie den Hubschrauber abwechselnd nach links und rechts rollen.

seitlich fliegen zu lassen, wie Sie sich das vorgestellt haben. Würden Sie den Rollhebel zu sehr zur Seite lenken, würde der Hubschrauber nicht nur bedenklich zur Seite kippen, sondern dabei auch schnell an Flughöhe verlieren.

Übung 6: Im Schwebeflug nicken

Nachdem Sie das seitwärts Abdriften und Ansteuern verschiedener Punkte links und rechts der Startposition beherrschen, versuchen Sie nun langsam vor- und zurückzufliegen. Das gelingt mit der Nickfunktion des rechten Steuerknüppels. Für den Vorwärtsflug bewegen Sie den Hebel aus seiner Mittelstellung etwas nach oben, für den Rückwärtsflug etwas nach unten. Wie beim seitlichen Rollen reichen kleinste Bewegungen des Steuerknüppels, um die gewünschte Flugrichtung zu erzielen. Würden Sie den Knüppel bis auf Endausschlag nach vorne drücken, würde der Heli zwar schnell vorwärts fliegen, sich aber auch sehr weit nach unten neigen. Dadurch würde der Hubschrauber kontinuierlich an Höhe verlieren, die Sie selbst durch Vollgas nicht mehr ausgleichen könnten, und er würde eine Bruchlandung machen. Gleiches gilt sinngemäß auch für den Rückwärtsflug. Durch sehr feinfühlige Befehle beschleunigt der Heli dagegen weniger und bleibt so leichter beherrschbar. Beachten Sie, dass der Hubschrauber aber auch dann nach unten zieht. Damit er seine Höhe beibehält, müssen Sie deshalb mit dem linken Steuerknüp-

Abb. 9.8 – Auch beim Vor- und Zurückfliegen sind feinfühlige Befehle gefragt.

pel etwas mehr Gas geben. Man kann dabei von einer sanften Ausgleichsbewegung sprechen.

Lassen Sie den Heli nicht rückwärts auf Sie zufliegen, und achten Sie zu beiden Seiten auf ausreichend Abstand zum Fluggerät. Kommt es Ihnen zu nahe, können Fehlbedienungen zu ernsthaften Verletzungen führen.

Übung 7: Nick und Roll kombinieren

Wenn Sie sich in den beiden vorangegangenen Übungen sattelfest fühlen, können Sie beide kombinieren, um mit dem Hubschrauber ein gedachtes Rechteck zu fliegen. Dazu rollen Sie den Heli von links nach rechts und setzen ihn anschließend mit Nick zu einem gedachten Punkt zurück. In Folge rollen Sie ihn nach links und fliegen mit Nick wieder zur Ausgangsposition zurück. Fliegen Sie bei dieser Übung im und gegen den Uhrzeigersinn, und achten Sie darauf, dass der Heli immer mit dem Heck zu Ihnen zeigt. Diese Figur sieht zwar einfach aus, hat es aber in sich, denn Sie müssen ständig alle Funktionen nachsteuern. Dazu müssen Sie die Steuerknüppel pausenlos in alle Richtungen bewegen.

Abb. 9.9 – Ein Rechteck zu fliegen sieht leicht aus, ist aber eine Herausforderung.

Übung 8: Hubschrauber seitwärts schweben lassen

Bei dieser Übung geht es darum, den Helikopter aus einem anderen Blickwinkel kontrolliert schweben zu lassen. Dazu stellen Sie ihn so auf, dass Sie ihn von der Seite sehen. Die Herausforderung liegt dabei im Umdenken, wie Nick und Roll zu geben sind, um den Hubschrauber an seinem Platz zu halten. Wenn Sie den Heli still schweben lassen können, versuchen Sie, ihn langsam vor- und zurückzufliegen, indem Sie die Nickfunktion einsetzen. Machen Sie sich danach mit der Rollfunktion vertraut, indem Sie den Hubschrauber seitwärts von seiner Ausgangsposition abwechselnd in beide Richtungen fliegen lassen.

Übung 9: Eine Acht fliegen

Mit dieser Übung kombinieren und perfektionieren Sie die bereits gelernten Fertigkeiten. Achten Sie darauf, dass der Heli stets mit seinem Heck zu Ihnen ausgerichtet ist. Um die Acht zu fliegen, kombinieren Sie langsam Roll und Nick. Vergessen Sie dabei nicht, stets das Gas nachzuregeln, damit der Hubschrauber möglichst in gleicher Höhe fliegt. Anfangs wird es Ihnen wahrscheinlich schwerfallen, eine schöne runde Acht zu fliegen. Tipp: Um sich mit den Bewe-

Abb. 9.10 – Wenn Sie den Heli von der Seite sehen, müssen Sie bei Nick und Roll umdenken.

Abb. 9.11 – Beim Achter-Flug sollte man stets das Heck sehen können.

gungs- und Steuerabläufen vertraut zu machen, können Sie zu Beginn eine eckige Acht fliegen, indem Sie den Heli gezielt von einem gedachten Punkt zum nächsten lenken. Sind Sie sich bei der Übung einmal nicht über die folgenden Bewegungsabläufe im Klaren, legen Sie mit einem kurzen Stand-Schwebeflug eine Pause zum Nachdenken ein. Je öfter Sie die Figur zu fliegen versuchen, umso besser wird Ihnen das gelingen.

Übung 10: Eine Acht in Vorwärtsrichtung

Wagen Sie sich an diese Lektion erst heran, wenn Sie die bisherigen Übungen gut beherrschen. Die besondere Herausforderung liegt darin, eine Schleife im und eine Schleife gegen den Uhrzeigersinn zu fliegen. Neu ist auch, dass sich der Hubschrauber nicht nur entlang eines gedachten Streifens bewegt, sondern auch auf Sie zufliegt. Um Gefahren vorzubeugen, berücksichtigen Sie einen ausreichend großen Sicherheitsabstand von mindestens vier Metern. Ein noch größerer Sicherheitsabstand kann bei einem großen Modell nicht schaden. Achten Sie bei den ersten Versuchen auf Schrittgeschwindigkeit, mit zunehmender Perfektion können Sie auch etwas schneller fliegen. Je sicherer Sie sich fühlen, umso mehr können Sie die Acht vergrößern und die Vorwärtsgeschwindigkeit erhöhen, indem Sie mehr Gas geben und den Hubschrauber mit Nick nach vorne neigen (Abb. 9.13). Achten Sie auch dabei auf ausreichende Sicherheitsabstände.

Abb. 9.12 – Achter-Flug in Vorwärtsrichtung. (Bild: Günther Unterwainig)

Abb. 9.13 – Beherrscht man den Achter-Flug bereits gut, kann man mit mehr Speed fliegen, zu erkennen an der geneigten Nase.

Übung 11: Kreise fliegen

Nachdem Sie sich ausgiebig mit den ersten Übungen auseinandergesetzt haben, können Sie jetzt sicher den Schwebeflug Ihres Helikopters in jeder Lage kontrollieren.

Um den ersten Rundflug einzuleiten, starten Sie wieder in gewohnter Manier mit dem Schwebeflug in einer Höhe von rund 1,5 m. Geben Sie nun einen kurzen Steuerimpuls auf Vorwärts-Nick. Betätigen Sie den Nick-Hebel keinesfalls kontinuierlich, da sich der Heli sonst immer stärker nach vorne neigt. Das Modell wird nun beginnen, sich nach vorne zu bewegen. Beim Schweben waren Sie es gewohnt gegenzusteuern. Diesmal nicht! Wird der Hubschrauber zu schnell, verringern Sie die Geschwindigkeit mit einem kurzen Nickimpuls rückwärts.

Achten Sie darauf, dass die Vorwärtsfahrt des Helis nicht schneller als Schrittgeschwindigkeit wird. Ansonsten könnten Sie überraschend schnell die Kontrolle verlieren. Wenn Sie den Hubschrauber abbremsen, sollte dies nur mit einem geringen Zurücknehmen des Nick geschehen. Bremsen Sie den Hubschrauber keinesfalls so stark ab, dass er zum Stillstand kommt. Denn einen Schwebeflug auf größere Entfernung zu steuern hat seine Tücken, wenn man das Modell nicht mehr allzu gut erkennen kann. Dem können Sie entgegenwirken, indem Sie es in Ihrem näheren Umfeld fliegen lassen.

Geradeaus in eine Richtung zu fliegen funktioniert leider nur begrenzt, da Sie ansonsten Ihr Modell irgendwann nicht mehr am Himmel sehen würden. In der Praxis ist der Flugradius begrenzt, in dem man sein Modell gut erkennen und somit steuern kann. Daraus resultiert, dass Sie letztlich im weiteren Sinne nur im Kreis um sich fliegen können.

Kurven fliegen will gelernt sein. Grundsätzlich bieten sich zwei Arten an, wie Sie die Flugrichtung Ihres Helis ändern können. Am bequemsten scheint die Heck-Funktion zu sein, mit der die Ausrichtung des Modells durch Ansteuerung des Heckrotors bewerkstelligt wird, wobei es dabei vollkommen in der Waage bleibt. Diese Variante des Kurvenfliegens erscheint vor allem dem Anfänger sympathisch, da das Fluggerät währenddessen seine Höhe beibehält und nicht in den Sinkflug, so wie bei Roll, übergeht. Doch diese Variante hat einen entscheidenden Nachteil. Würden Sie versuchen, die Kurve lediglich mit der Heck-Funktion einzuleiten, würde sich der Hubschrauber zwar um seine Hochachse drehen, aber seine Flugrichtung, bedingt durch seine Trägheit, mehr oder weniger beibehalten. Auf diese Weise würde er beispielsweise querstehend weiter in die ursprüngliche Richtung fliegen. Leiten Sie deshalb jede Kurve mittels Roll ein, und unterstützen Sie sie mit der Heck-Funktion.

Abb. 9.14 – Kurven fliegen will gelernt sein. (Bild: Günther Unterwainig)

Steuern Sie die Kurve nach links oder rechts beziehungsweise in die Richtung, in der Sie sich sicherer fühlen. Geben Sie den Roll-Befehl nur mit kleinen Steuerknüppel-Ausschlägen, und beachten Sie dabei, dass das Modell währenddessen an Höhe verliert. Bei sacht ausgeführtem Roll hält sich dies zwar in Grenzen, aber Sie müssen der Bewegung jedenfalls entgegenwirken, indem Sie die Heli-Nase mit Nick etwas hochziehen. Achten Sie jedoch darauf, dass Sie dabei das Modell in seiner Vorwärts-Bewegung nicht zu stark abbremsen. Sollten Sie damit anfangs nicht klarkommen und den Heli in Richtung Absturz zufliegen sehen, bietet sich als Notmaßnahme an, schnell den Pitch, also das Gas zu erhöhen, womit der Hubschrauber wieder an Höhe gewinnt, und der Unfall erst einmal abgewehrt ist. Anschließend können Sie den Kurvenflug wieder fortsetzen.

Übung 12: Hubschrauber von vorne kennenlernen

Bei allen bisherigen Flugübungen haben Sie das Heck des Hubschraubers vor sich gehabt. Für diese Übung stellen Sie dagegen Ihren Heli so auf, dass Sie ihn von vorne sehen. Ziel der Übung ist der Schwebeflug mit Rollfunktion. Dabei lassen Sie den Hubschrauber kontrolliert nach links und rechts pendeln. Damit das klappt, müssen Sie Roll- und Heck-Funktion stets gegenläufig

Abb. 9.15 – Sieht man den Hubschrauber von vorne, ist gegenläufig Lenken gefordert. (Bild: Günther Unterwainig)

steuern. Beide Funktionen kehren sich um. Dazu eine kleine Gedankenhilfe: Nachdem der Hubschrauber abgehoben hat, wird er wahrscheinlich zu einer Seite ausbrechen. Um ihn wieder einzufangen, müssen Sie den Rollknüppel in die Richtung drücken, in die sich auch das Modell bewegt. Vom Prinzip her sollte die Übung sofort gelingen. Um die gegensinnige Feinmechanik zu beherrschen, sind jedoch mehrere Übungsflüge erforderlich. Da aber die gegensinnige Steuerung von Roll und Heck am ehesten mit dem Lenken eines Autos vergleichbar ist, sollte es nach kurzer Zeit klappen.

Übung 13: Um den Piloten im Kreis fliegen

Zur Vervollkommnung der Steuer-Fertigkeiten kommen wir noch einmal zurück zum Fliegen im Kreis. In dieser Übung perfektionieren Sie den feinfühligen kombinierten Einsatz aller Steuerknüppel-Funktionen, also Pitch, Nick, Roll und Heck. Versuchen Sie, den Hubschrauber um sich herum im Kreis fliegen zu lassen, wobei Sie darauf achten, dass das Heck und die Hubschrauber-Längsachse stets zu Ihnen zeigen. Während der Helikopter einen weiten Kreis um Sie beschreibt, drehen Sie auf der Stelle mit. So sehen Sie Ihren Hubschrauber immer von der Seite. Sollte eine Situation eintreten, der Sie sich nicht gewachsen fühlen, steuern Sie das Heck um 90°, so dass es zu Ihnen gerichtet ist. Da Ihnen diese Position von den vorangegangenen Schwebeflug-Übungen bereits bekannt ist, sollte es Ihnen nicht schwerfallen, aus dem Schwebeflug den Kurvenflug wieder aufzunehmen. Üben

Abb. 9.16 – Lassen Sie den Hubschrauber um sich herumfliegen. Dabei bleibt er mit seiner Längsachse und dem Heck stets zu Ihnen gerichtet.

Abb. 9.17 – Führen Sie diese Übung im und gegen den Uhrzeigersinn aus.

Abb. 9.18 – Anschließend versuchen Sie den Kreisflug mit zu Ihnen zeigender Nase.

Sie die Vorzugskurve so lange, bis Sie sich darin voll und ganz sicher fühlen.

Wenn Sie den Heli soweit kontrollieren, dass Sie mehrere Kreise, in gleicher Höhe und möglichst gleichem Abstand zu Ihnen fliegen, können Sie als nächstes den Kurvenflug in Rückwärtsrichtung versuchen.

Fliegen Sie Ihre Kreise im und gegen den Uhrzeigersinn, sowohl in Vor- als auch in Rückwärtsrichtung. Sie werden dabei feststellen, dass sich das Flugverhalten im und gegen den Uhrzeigersinn markant unterscheidet. Dies hängt einerseits mit der Drehrichtung des Hauptrotors zusammen. Außerdem liegt die Herausforderung darin, Steuermanöver entsprechend der Flugrichtung abzusetzen.

Übung 14: Schwebeflug beim Gehen

Diese Übung entwickelt die Übungen 2 oder 4 weiter. Sie haben dort gelernt, den Hubschrauber im Schwebeflug still in der Luft zu halten, indem Sie mit beiden Steuerknüppeln für entsprechende Ausgleichsbewegungen sorgen. Nachdem Sie Ihren Heli in Position gebracht haben, beginnen Sie nun, langsam einen Kreis rund um den fliegenden Hubschrauber zu gehen und ihn dabei

Abb. 9.19 – Eine Herausforderung: Nachdem Sie den Hubschrauber in den Schwebeflug gebracht haben, …

in Position zu halten. Dadurch sehen Sie Ihren Hubschrauber nicht mehr nur von hinten, sondern auch von der Seite oder von vorne und müssen trotzdem die richtigen Steuerkommandos geben – eine Herausforderung. Stehen Sie beispielsweise vor dem Hubschrauber, führt er eine Rechtsbewegung aus, wenn Sie die Steuerknüppel nach links bewegen. Lassen Sie sich deshalb bei dieser Übung Zeit. Versuchen Sie anfangs, den Heli aus Positionen nahe der Ausgangsposition zu beherrschen, und gehen Sie erst dann ein Stück weiter. So bekommen Sie am leichtesten das für den Hubschrauberflug entscheidende Gefühl, wie Sie stets richtig lenken, egal aus welcher Perspektive Sie Ihren Hubschrauber gerade sehen. Nach mehreren Übungen werden Sie die erforderlichen Steuerbefehle mehr und mehr automatisch geben und weniger nachdenken müssen, welchen Hebel Sie gerade wie zu bewegen haben. Wenn Sie diese Übung gut beherrschen, können Sie rund um den fliegenden Hubschrauber gehen, ohne zwischendurch stehen bleiben zu müssen.

Übung 15: Bei Wind fliegen

Obwohl sich bei Wind grundsätzlich nichts an der Steuerung des Helis ändert, unterscheidet sich die Flugsituation, wenn Sie mit oder gegen den Wind fliegen. Vor allem leichte Modelle werden schon von leichtem Wind weggeweht,

Abb. 9.20 – … gehen Sie um ihn herum, ohne seine Flugrichtung zu ändern.

Abb. 9.21 – Sie lernen, den Hubschrauber aus verschiedenen Blickwinkeln richtig zu steuern.

obwohl Sie mit aller Kraft gegensteuern. Dieser Effekt ist umso ausgeprägter, je kleiner und leichter das Modell ist. Deshalb lassen sich besonders große und schwere Hubschrauber bei Wind leichter steuern. Trotzdem bleibt auch dann der Windflug eine Herausforderung. Stellen Sie sich stets so auf, dass der Wind von Ihnen weg bläst, damit Ihnen der Heli nicht zu nahe kommen kann und so Unfälle vermieden werden. Halten Sie zum Heli aus Sicherheitsgründen immer einen Abstand von mindestens 4 m.

9.1 Erste Flugversuche im Freien – weitere Tipps

Wenn Sie die Übungen 1 bis 15 am Flugsimulator beherrschen, sollten Ihnen die ersten Flugversuche im Freien leichter von der Hand gehen. Fühlen Sie sich dagegen noch unsicher, suchen Sie im Zweifel die Hilfe eines erfahrenen RC-Heli-Piloten. Dies kann ein Bekannter sein, der das Hobby schon länger ausübt, oder ein Kollege aus dem RC-Flieger-

Verein. Auch spezielle Flugschulen kommen infrage. Die Profis unterstützen Sie bei den ersten Flügen, machen Sie auf Fehler aufmerksam und geben Ihnen wertvolle Tipps, wie Sie Ihr Können weiter verbessern. In diesem Zusammenhang ist auch die Lehrer-Schüler-Steuerung hilfreich, die viele Fernsteuerungen schon ab der gehobenen Einsteigerklasse zulassen. Gemeint ist eine Buchse, an die Sie eine zweite Fernbedienung mit einem speziellen Kabel anschließen, die der Profi bei Bedarf bedient. Stellen Sie sich das Ganze vor wie in einem Fahrschulauto, in dem Sie zwar selber fahren und lernen können, aber der Fahrschullehrer jederzeit eingreifen kann. So absolvieren Sie auch Ihre Übungsflüge. Der Lehrer hilft Ihnen in Situationen, in denen Sie sich überfordert fühlen, und bewahrt Ihr Modell so vor einem Crash und Schäden.

10 3-D-Kunstflug

Fortgeschrittene RC-Heli-Piloten haben meist ihre Herausforderung im 3-D-Kunstflug gefunden. Gemeint sind Flugfiguren, die die normale gerade Flugbahn verlassen. Der Heli bewegt sich bei diesen Manövern scheinbar frei im dreidimensionalen Raum. Wer mit dem RC-Hubschrauber-Hobby eben erst angefangen hat, weiß, wie viel Übung erforderlich ist, um den Heli sicher zu steuern. Bevor Sie an Kunstflug denken, sollten Sie deshalb den normalen Hubschrauberflug im Schlaf beherrschen. Erst wenn Sie den üblichen Heliflug in jeder Situation im Griff haben, können Sie den Schritt in die faszinierende Welt des 3-D-Kunstflugs wagen. Sie benötigen dafür außerdem einen geeigneten Modellhubschrauber, der die für den 3-D-Kunstflug erforderlichen Feinabstimmungen vor allem bei Pitchwerten und Rotordrehzahl zulässt. Das Modell benötigt außerdem einen kräftigeren Motor als für den Normalflug. Auch die Fernsteueranlage muss 3-D-tauglich sein, zu erkennen am 3-D-Wahlschalter und mehreren Betriebsmodi. Kunstflug-Heli-Piloten arbeiten häufig mit anderen Modi als Anfänger oder Gelegenheitsflieger, die meist Mode 1 oder 2 nutzen, für die auch die meisten Fernsteuerungen ab Werk ausgelegt sind. Grundsätzlich ließen sich auch mit gewöhnlichen Fernsteuerungen 3-D-Figuren fliegen. Da sie jedoch kaum dafür ausgelegt sind, ermöglichen sie nicht die erforderliche Präzision. Mit üblichen Fernbedienungen gelingt es beispielsweise kaum, schöne runde Loopings zu fliegen.

10.1 Erste Übungsschritte

Gleich vorweg: Dieses Kapitel liefert keine genaue Anleitung, wie Sie den Kunstflug lernen können, weil das den Rahmen dieses Buchs sprengen würde. Man kann den 3-D-Kunstflug nicht mal eben so im Handumdrehen lernen, sondern nur durch jahrelanges Üben. Mit Kunstflug zu beginnen ist etwa so, als würden Sie mit dem Helifliegen neu anfangen. Einfache Übungen können Sie, den nötigen Fleiß vorausgesetzt, in einem Jahr lernen und perfektionieren. Trotzdem gelten Sie damit in dieser Flugdisziplin noch als Anfänger. Schließlich erfordert der Kunstflug eine deutlich umfangreichere und teurere Ausrüstung als die, die aus den beliebten Heli-Komplettsets bekannt ist. Sie müssen sich an ein neues Modell und eine neue Fernsteueranlage gewöhnen. Die große Herausforderung liegt darin, mit einem neuen Betriebsmodus klarzukommen, der für den Kunstflug geeigneter ist als der, mit dem Sie das Helifliegen gelernt haben (Kapitel 5.6). Deshalb ist wieder das Üben am Flugsimulator anzuraten, bevor Sie mit Ihrem Modell erste Kunstflüge im Freien versuchen. Das machen auch die 3-D-Profis, um so manchen Crash zu vermeiden und eine Menge Geld zu sparen. Einen guten Flugsimulator können Sie auf den neuen Fernsteuer-Mode programmieren. Dadurch können Sie sich gleich zu Beginn an die neuen Funktionen gewöhnen, mit denen die Steuerknüppel belegt sind. Am besten lernen Sie mit der neuen Betriebsart umzugehen, wenn Sie die Lernübungen, vom einfachen Schweben und Landen bis zum Kurvenfliegen, ausgiebig üben. Wenn Sie den Normalflug im neuen Mode beherrschen, können Sie sich am Simulator an erste Kunstflugübungen heranwagen.

10.2 Kunstflugfiguren

Gute 3-D-Heli-Piloten schaffen es regelmäßig, Zuschauer mit ihren Flugkünsten zu begeistern. Faszinierend ist auch die schnelle Folge, in der die Kunststücke hintereinander geflogen werden. Dieses Kapitel stellt die wichtigsten Kunstflüge vor.

10.2.1 Turn

Dieser Kunstflug basiert auf geraden Strecken und Kurven. Bevor Sie die Kurve fliegen, ziehen Sie den Heli hoch, sodass er vom Heck zur Nase von unten nach oben zeigt. Versuchen Sie nun die Kurve so zu fliegen, dass die Hauptrotorwelle waagerecht bleibt. Fliegen Sie zu Beginn nur geringe Kurven, und tasten Sie sich allmählich an einen Winkel von 90 Grad heran.

10.2.2 Der Looping

Der Looping ist in der Theorie einfach zu fliegen: Hubschrauber beschleunigen, Nick durchziehen, in der oberen Rückenlage, bei der der Rotor nach unten zeigt, den Gashebel aus der Mittelstellung nach unten ziehen, um mehr Gas zu geben, und zuletzt mit Nick wieder abfangen. Dabei dürfen Sie den Hubschrauber nicht bremsen, und er darf nicht zur Seite kippen. Für Loopings muss das Standgas so eingestellt sein, dass die Drehzahl der Rotorblätter den Heli in der Luft halten kann.

Abb. 10.1 – Beim Turn fliegen Sie eine hochgestellte Kurve. (Bild: Günther Unterwainig)

Abb. 10.2 – Der Heli fliegt ein Looping. (Bild: Günther Unterwainig)

10.2.3 Abschwung

Diese sogenannte Umkehrfigur stellt den Heli auf den Kopf und kann auch als Vorübung für die Figur „Rolle“ dienen. Der Abschwung besteht aus einer halben Rolle und einem darauf folgenden halben Looping, der den Hubschrauber wieder in Normalfluglage bringt. Für diese Übung ist eine hohe Geschwindigkeit erforderlich. Bei den ersten Versuchen ziehen Sie die Nase rund 20 Grad bis 30 Grad nach oben, geben einen Rollbefehl bis zum Anschlag, bis das Modell auf dem Rücken fliegt, und verringern dann den Pitch. Aus der Rückenlage führen Sie den halben Looping bis zur Ausgangslage aus.

10.2.4 Die Rolle

Die Rolle gibt es in zwei Varianten. Bei der Fassrolle fliegt der Hubschrauber eine liegende Spirale. Dafür nehmen Sie vor der Figur Fahrt auf, heben die Nase um 15 Grad bis 20 Grad an, gehen mit dem Pitch auf Knüppelmittenstellung und geben einen vollen Rollausschlag. Erst

Abb. 10.3 – Heli beim Abschwung. (Bild: Günther Unterwainig)

Abb. 10.4 – Der Rückenflug zählt zu den anspruchvollsten 3-D-Kunstflugübungen. (Bild: Günther Unterwainig)

wenn der Hubschrauber eine Rolle vollständig beendet hat, kehren Sie mit einer schnellen Bewegung der Steuerknüppel wieder in die Normallage zurück.

Bei der fortgeschrittenen Variante des Rollfluges, der gesteuerten Rolle, lassen Sie den Heli entlang seiner Längsachse in Flugrichtung einen Kreis drehen. Diesen Kunstflug sollten Sie erst versuchen, wenn Sie die Fassrolle gut beherrschen.

10.2.5 Beim Rückenflug

Dabei ist besonders viel Konzentration erforderlich. In dieser Lage steht der Heli auf dem Kopf und erlaubt es grundsätzlich, alle Figuren zu fliegen. Zunächst sollten Sie das Geradeausfliegen probieren. Zum Beschleunigen müssen Sie die Nase etwas nach unten ziehen und mehr Gas geben. Zum Abbremsen müssen Sie den Heli etwas drücken und den Pitch entgegengesetzt zum Abbremsen in Normallage geben. Zum Fliegen von Kurven oder Kreisen müssen die Rollsteuerung und der Heckrotorausschlag über Kreuz erfolgen, indem Sie alle Fernsteuerbefehle verkehrt herum geben. Dabei gibt die Rollrichtung die Kurvenrichtung vor.

10.2.6 Fazit

Diese Ausführungen vermitteln ansatzweise, wie anspruchsvoll 3-D-Helifliegen ist und geben einen Einblick, wie die einzelnen Figuren funktionieren. Selbstverständlich gibt es noch deutlich mehr Kunstflugfiguren. Wenn Sie sie lernen wollen, ist die Hilfe eines Profis dringend anzuraten. Erfahrene Helipiloten aus Vereinen können Ihnen wertvolle Tipps geben und Sie tatkräftig beim Lernen der 3-D-Figuren unterstützen.

11 Kleine Mängel selbst beheben

Zu Bruch gehen kann immer wieder mal etwas. Davon wissen nicht nur blutige Anfänger, sondern auch fortgeschrittene Profis ein Lied zu singen. Meist beruhen Schäden am Modell auf der Gabe falscher oder unzureichender Fernsteuerkommandos. Das passiert vor allem Anfängern, weil sie das nötige Feingefühl zur Steuerung des RC-Helis erst noch lernen müssen. Für Unfälle können auch technische Fehler am Modell verantwortlich zeichnen. Die folgenden Beispiele erläutern, wie Sie Ihr Modell wieder auf Vordermann bringen.

11.1 Rotorblätter wechseln

Fluganfänger haben oft mit kaputten Rotorblättern zu kämpfen. Meist gehen die Blätter der unteren Rotorreihe zu Bruch, da sie beim Umkippen des Modells zuerst mit dem Erdboden in Kontakt kommen. Dabei ist es ziemlich egal, ob sie sich im frisch gemähten Rasen verfangen oder bei Indoor-Flügen auf den harten Fußboden aufschlagen. Rotorblätter der preiswerten und weit verbreiteten Koaxialhubschrauber sind aus weichem Kunststoff gefertigt und gehen weniger zu Bruch als solche aus härteren Materialien. Einzelne kleine Kerben an den Rotorblättern, weil der Hubschrauber beispielsweise zu nahe an einem Baum vorbei geflogen wurde, sind noch verschmerzbar. Die Flugeigenschaften verschlechtern sich jedoch, wenn ein Stück aus

Abb. 11.1 – Abstürze passieren nicht nur Anfängern. (Bild: Günther Unterwainig)

Abb. 11.2 – Totalschäden lassen sich zwar reparieren, sind aber überaus kostspielig. (Bild: Günther Unterwainig)

Abb. 11.3 – Rotorblätter gehen bei Fluganfängern am schnellsten zu Bruch.

Abb. 11.4 – Defekte Rotorblätter lassen sich bequem mit einem kleinen Kreuz- oder Innensechskant-Schraubendreher lösen.

einem Rotorblatt herausgebrochen ist. Dann können Sie das Modell zwar meist noch fliegen, aber kaum mehr beherrschen – ein Austausch der Rotorblätter, die mit Schrauben und Muttern am Rotorkopf lose befestigt sind, ist notwendig. Um die Schrauben zu lösen, benötigen Sie je nach Modell einen kleinen Innensechskant- oder Kreuz-Schraubendreher. Achten Sie dabei auf die eingesetzte Mutter unterhalb des Rotorblatts, die nicht verloren gehen darf (Abb. 11.4).

Da sich die Rotorblätter der oberen und unteren Ebene eines Koaxial-Helis gegensinnig drehen, unterscheiden sie sich. Haben Sie sich einen Satz Reserveblätter für Ihr Modell zugelegt, können Sie diese deshalb nicht nach Belieben am Hubschrauber einbauen. An der oberen Ebene eingebaute Rotorblätter sind mit „A“, jene der unteren Ebene mit „B“ gekennzeichnet. Der Buchstabe ist an der Unterseite der Rotorblätter im Nahbereich der Bohrung zu erkennen (Abb. 11.5). Meist gehen die unteren B-Blätter zu Bruch, die man nicht gegen A-Blätter tauschen darf, auch wenn Sie davon vielleicht mehr als genug auf Reserve haben. Achten Sie deshalb beim Einbau stets darauf, dass Sie an der oberen Ebene ausschließlich „A-“ und an der unteren nur „B-Blätter“ einsetzen. Ziehen Sie die Schrauben nur so fest an, dass Sie die Blätter noch leicht mit einem Finger bewegen können (Abb. 11.7). Am besten bekommen Sie ein Gefühl dafür, wie fest die Rotorblätter angezogen sein dürfen, wenn Sie die alten noch vor dem Ausbauen etwas bewegen. Die neuen, die Sie einsetzen, sollten etwa gleich leicht zu bewegen sein. Nur dann richten sich die Blätter durch die Fliehkraft automatisch in ihre korrekte Lage aus, sobald Sie das Modell in Betrieb nehmen.

11.2 Kleine Reparaturen an der Gehäuseschale

Das Gehäuse gibt dem Hubschrauber ein gefälliges Aussehen und ist meist aus leicht biegbaren Kunststoffen gefertigt, die die meisten Stürze unbeschadet überstehen. Ein Problem sind aber die Gehäusekomponenten, die vor allem an Einsteigermodellen von Koaxial-Helis nicht hinreichend befestigt sind. Meist wurde mit einigen Tropfen Superkleber gearbeitet, sodass sich schon mal einzelne Teile lösen können, wenn sie ab Werk nur unzureichend angeklebt wurden. Bei einem getesteten Heli haben die seitlichen Tragflächenelemente schon nach wenigen Flügen ihren Halt verloren und sind heruntergefallen. Man kann die Elemente mit Kunststoffkleber wieder ankleben (Abb. 11.8 und Abb. 11.9). Dieser ist aber nur zu empfehlen, wenn Sie das Gehäuse an dieser Stelle später nicht für Wartungsarbeiten wieder öffnen müssen. Beim getesteten Hubschrauber hätte das Ankleben der Tragflächenelemente dazu geführt, dass die Elemente untrennbar mit dem Hauptgehäuse verbunden worden wären. Der Anwender hätte keinen Zugang mehr zum technischen Innenleben des Koaxial-Hubschraubers gehabt, und er hätte nicht mehr an die seitlichen Fahrgestelle gelangen können. Als interessante Alternative kommt simples Klebeband infrage, mit dem Sie alle möglichen Teile am Gehäuse gut und dennoch jederzeit lösbar befestigen können (Abb. 11.10 und Abb. 11.11). Klebebänder sind zwar nicht für hohe mechanische Belastungen ausgelegt, aber die treten vor allem bei kleineren RC-Hubschraubern ohnehin nicht auf.

Neben den Rotorblättern und Tragflächenelementen sind vor allem die Seiten- und Höhenflossen diverser Koaxial-Helis bei Abstürzen gefährdet. Da die Flossen bei preiswerten Modellen nur aus dünnem Kunststoff bestehen, brechen sie leicht ab, sobald der Hubschrauber unsanft landet. Da Gehäuseschalen einfacher RC-Hubschrauber meist verhältnismäßig teuer sind, ist der Neukauf nur in Ausnahmefällen gerechtfertigt. Alternativ können Sie diese abgebrochenen Komponenten mit Kunststoffkleber wieder ankleben (Abb. 11.12) oder mit Klebeband befestigen (Abb. 11.14). Beim Beispielhubschrauber half der Kunststoffkleber allerdings

Abb. 11.5 – Die Rotorblätter der unteren Ebene eines Koaxial-Hubschraubers erkennen Sie an einem „B" an der Blattunterseite in der Nähe der Bohrung.

Abb. 11.6 – Fädeln Sie das neue Rotorblatt in die Aufnahmegabel …

Abb. 11.7 – … und schrauben Sie es so an, sodass Sie es noch leicht bewegen können.

Abb. 11.8 und Abb. 11.9 – Abgebrochene Tragflächenelemente kann man mit einigen Tropfen Kunststoffkleber wieder befestigen.

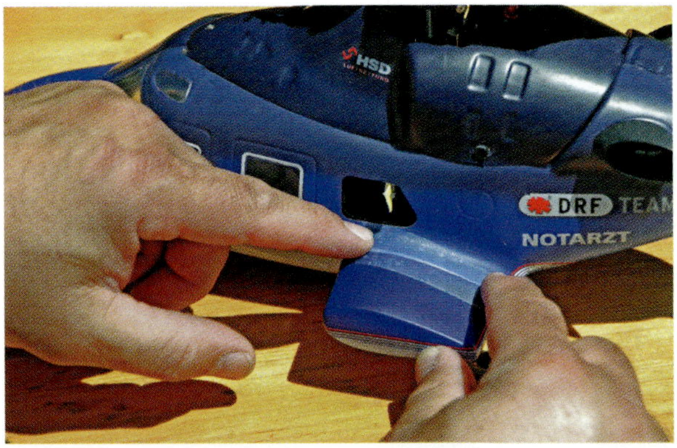

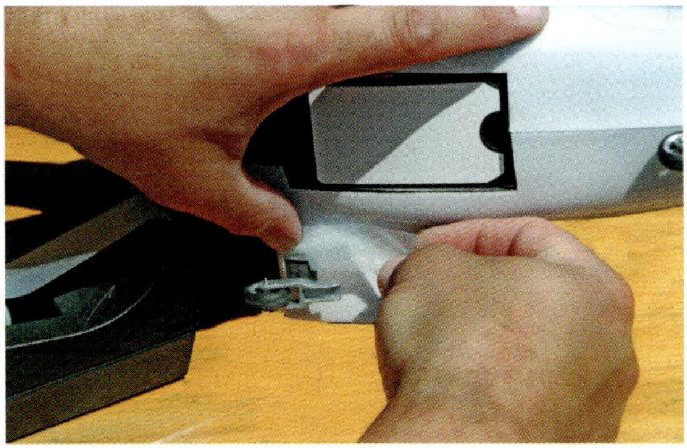

Abb. 11.10 und Abb. 11.11 – Einfache und wirkungsvolle Alternative: Teile mit Klebeband ankleben.

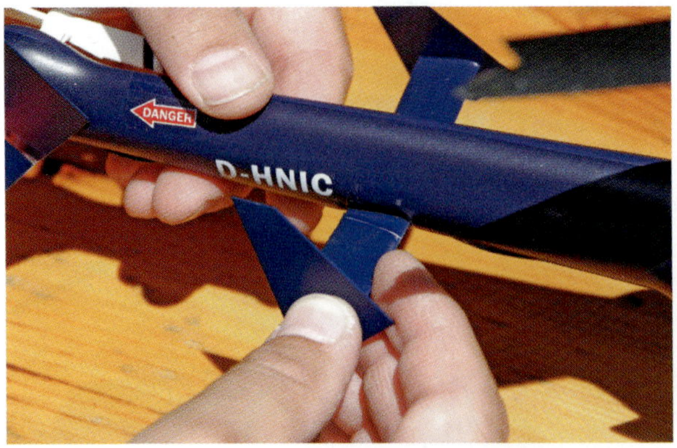

Abb. 11.12 – Auch abgebrochene Seiten- und Höhenflossen können Sie mit Kunststoffkleber wieder ankleben.

Abb. 11.13 – Für ausreichenden Halt sollte man den Kleber in Maßen zu beiden Seiten auftragen oder …

nicht weiter. Die Klebestelle war zu elastisch, sodass das angeklebte Teil eher nach unten hing, anstatt in der gewünschten Position zu kleben. Auch diese Reparatur gelang schließlich wieder mit Klebeband. Welches Klebeband Sie verwenden, ist egal. Die Palette reicht von Gewebeband fürs Büro bis hin zu Elektro-Installations-Klebeband. Da durchsichtige oder in der Farbe des Modells gehaltene Klebebänder kaum auffallen, passen sie auch optisch. Sie geben dem abgebrochenen Teil wieder die nötige Stabilität, wenn Sie die Seiten- oder Höhenflosse zu beiden Seiten mit zwei Lagen ankleben. Für optimalen Halt sollten Sie beide Befestigungsmethoden kombinieren, also abgebrochene Seiten- und Höhenflossen ankleben und danach mit Klebeband fixieren (Abb. 11.15).

Abb. 11.14 – … als Alternative Klebeband verwenden.

Abb. 11.15 – Am besten ist es, die angeklebte Seitenflosse zusätzlich mit Gewebe- oder Isolierband zu befestigen.

11.3 Reparatur des Hauptgetriebes

Vor allem bei etwas größeren Helikoptern kann bei Abstürzen auch die Hauptrotorwelle und/oder das Hauptgetriebe beschädigt werden. Diese Schäden können auftreten, wenn sich die Rotorblätter mit voller Drehzahl zum Beispiel im Wiesenboden verfangen. Der kraftvolle Motor größerer RC-Hubschrauber dreht sich weiter und schleift die Zähne des Antriebszahnrads ab, das auf der Hauptrotorwelle sitzt (Abb. 11.16), die sich dadurch verbiegen kann.

Abb. 11.16 – Beim Crash wurden die Zähne des Hauptantriebs-Zahnrads „abrasiert".

Abb. 11.17 – Schritt 1: Sie lösen die Gelenkstangen von der Taumelscheibe mit einem kleinen Schraubendreher, und ...

Wenn Sie das Antriebszahnrad zum ersten Mal austauschen möchten, werden Sie sich fragen, wie Sie das defekte Teil überhaupt ausbauen können. Entsprechende Hinweise stehen kaum im Handbuch, wenn der Heli aus einem Komplettset stammt. Die folgenden Zeilen erläutern deshalb am Beispiel des RC-Helis vom Typ „Belt CP", wie Sie das Hauptzahnrad auswechseln. Die nötigen Ersatzteile erhalten Sie im RC-Fachhandel.

Um zu den Zahnrädern zu gelangen, müssen Sie zuerst die Hauptrotorwelle ausbauen und entfernen dazu den Rotorkopf. Dieser besteht aus verstellbaren Vorrichtungen, an denen die Rotorblätter und die Paddelstange befestigt sind, und der Taumelscheibe, die mit dem oberen Rotorkopfelement über einige Gelenke verbunden ist. Am äußeren Rand der Taumelscheibe sind am Beispielmodell nach Abb. 11.17 drei Gewindestangen mit Kugelkopfgelenken angeschraubt, die die Scheibe mit drei Servos verbinden. Damit Sie den Rotorkopf ausbauen können, müssen Sie zuerst diese drei Gewinde-Antriebsstangen von der Taumelscheibe lösen, indem Sie einfach die entsprechenden Schrauben mit einem kleinen Kreuzschraubendreher entfernen (Abb. 11.17). Nun hat der Rotorkopf keine Verbindung mehr zu den Servos und ist nur noch mit einer einzigen Schraube an der Hauptrotorwelle befestigt (Abb. 11.19). Beim Belt CP ist das eine Innensechskant-Schraube, die am unteren Ende des oberen Rotorkopf-Elements etwas unterhalb der Ebene der Hauptrotorblätter sitzt. Die Schraube ist durch eine Bohrung in die Hauptrotorwelle gesteckt und am hinteren Ende mit einer Mutter fixiert. Nachdem Sie die Schraube gelöst und herausgezogen haben, können Sie den Rotorkopf von der Hauptrotorwelle abziehen und zur Seite legen (Abb. 11.20 und Abb. 11.21).

Um zu den Antriebszahnrädern zu gelangen, müssen Sie die Hauptrotorwelle komplett ausbauen. Sie ist an ihrem unteren Ende mit einer Schraube an einem kurzen, über ein Kugellager fixiertes Wellenstück mit dem Gehäuse verbun-

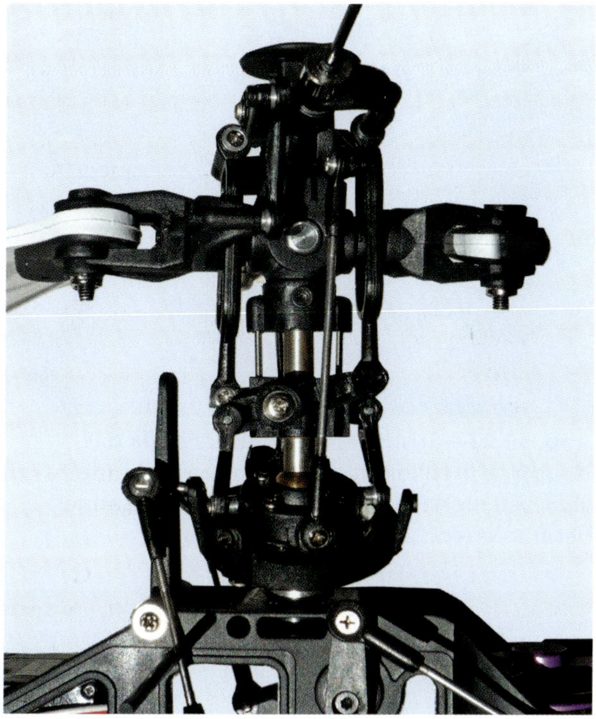

Abb. 11.18 – … der Rotorkopf hat keine Verbindung mehr zu den Servos.

Abb. 11.20 – Schritt 3: Nachdem Sie die Schraube entfernt haben, können Sie den Rotorkopf von der Hauptrotorwelle abziehen …

Abb. 11.19 – Schritt 2: Lösen Sie die Schraube, mit der der Rotorkopf an der Hauptrotorwelle befestigt ist.

Abb. 11.21 – … und ihn zur Seite legen.

den. Schraube und Mutter sind etwas schwerer zugänglich, aber trotzdem leicht zu lösen. Aufgrund starker mechanischer Kräfte, die bei einem Crash auftreten können, kann die Schraube etwas verbogen sein. Da sie dann nicht von selbst herausfällt, ist eine kleine Zange hilfreich, mit der Sie die Schraube am Kopf fassen und behutsam aus der Welle ziehen (Abb. 11.23). Stellen Sie fest, dass die Schraube tatsächlich unbrauchbar geworden ist, müssen Sie sie gegen eine neue austauschen. Nachdem Sie alle Schrauben entfernt haben, können Sie die Hauptrotorwelle von oben herausziehen (Abb. 11.24). Dabei kann

Abb. 11.22 – Die Hauptrotorwelle ist an ihrem unteren Ende etwas schwer zugänglich angeschraubt.

Abb. 11.23 – Schritt 4: Die Schraube, die die Hauptrotorwelle mit dem Gehäuse verbindet, lässt sich vielfach nur mit einer kleinen Zange herausziehen.

Abb. 11.24 – Schritt 5: Nachdem alle Schrauben entfernt sind, ziehen Sie die Hauptrotorwelle von oben heraus.

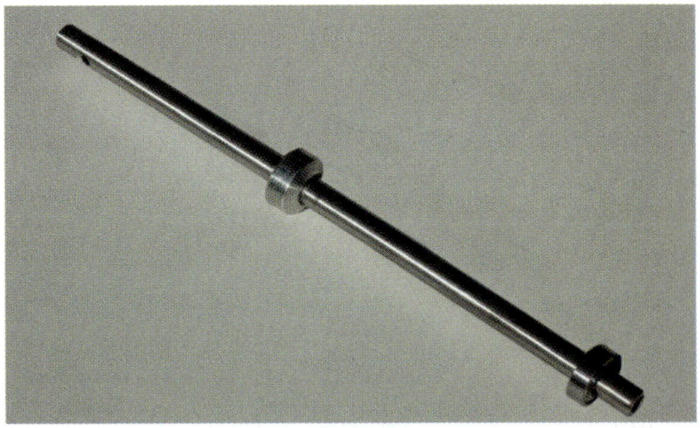

Abb. 11.25 – An der ausgebauten Rotorwelle ist das obere Kugellager stecken geblieben.

Abb. 11.26 – Schritt 6: Bei ausgebauter Hauptrotorwelle lassen sich die Antriebszahnräder bequem von der Seite herausziehen.

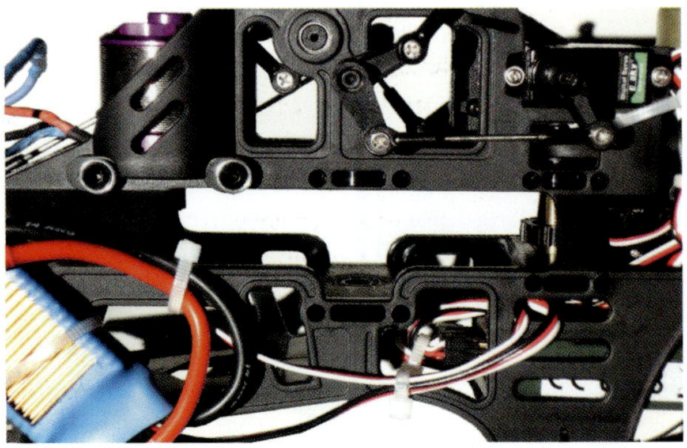

Abb. 11.27 – Schritt 7: Überprüfen Sie, ob die zu beiden Seiten jetzt sichtbaren Zahnräder des Motors und des Heckrotorantriebs unbeschädigt sind.

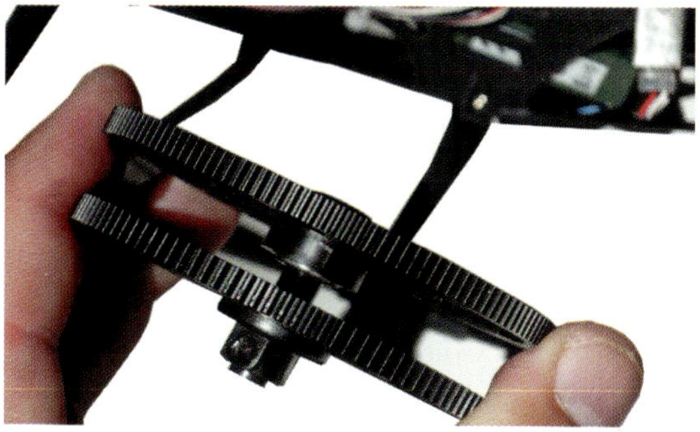

Abb. 11.28 – Schritt 8: Stecken Sie das neue Zahnrad richtig auf das untere, heil gebliebene, und …

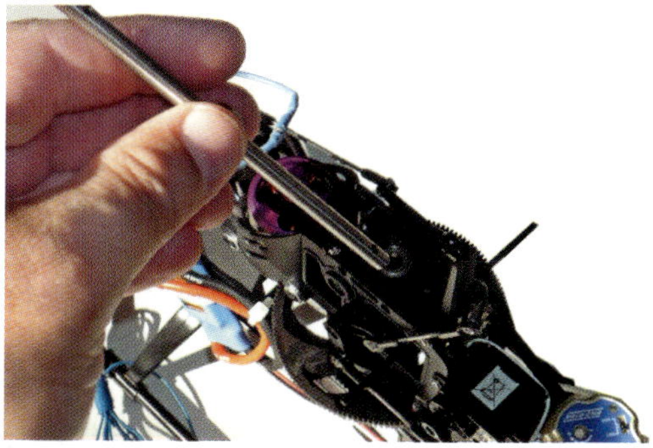

Abb. 11.30 – Schritt 9: Setzen Sie die Hauptrotorwelle wieder ein.

es Probleme geben, denn die Hauptrotorwelle ist am oberen Rahmenende des Hubschraubers durch ein Kugellager geführt. Rechnen Sie damit, dass das Kugellager an der Rotorwelle stecken bleibt und Sie es deshalb mit ausbauen müssen (Abb. 11.25). Wenn Sie sicher sind, dass die Hauptrotorwelle absolut gerade ist, können Sie das Kugellager und den ebenfalls auf die Welle gesteckten Ring dort belassen. Möchten Sie jedoch überprüfen, ob die Hauptrotorwelle tatsächlich nicht verbogen ist, nehmen Sie beide Teile ab und rollen die Rotorwelle über eine plane Oberfläche.

Ist die Hauptrotorwelle ausgebaut, können Sie die Antriebszahnräder seitwärts aus dem Hubschrauber herausziehen (Abb. 11.26). Neben dem defekten Motorzahnrad haben Sie dann auch das Zahnrad in der Hand, das den Heckrotor antreibt. Beide Zahnräder sind zusammen-

Abb. 11.29 – … bauen Sie beide anschließend wieder in den Hubschrauber ein.

Abb. 11.31 – Schritt 10: Durch die Bohrung unterhalb der Antriebszahnräder stecken Sie mit einer kleinen Spitzzange die Schraube, mit der Sie die Rotorwelle befestigen.

Abb. 11.32 – Schritt 11: Mit einem kleinen Kreuzschraubendreher setzen Sie die Mutter in den gestanzten Rahmen.

Abb. 11.33 – Schritt 12: Zuletzt ist der Rotorkopf aufzusetzen und anzuschrauben.

gesteckt und lassen sich leicht voneinander trennen. Bevor Sie die neuen Zahnräder einbauen, überprüfen Sie, ob im Hubschrauber jene Zahnräder in Ordnung sind, in die die Antriebszahnräder greifen – ein Blick genügt (Abb. 11.27). Stecken Sie nun das neue und das heil gebliebene Antriebszahnrad richtig zusammen, und bauen Sie beide wieder in den Hubschrauber ein (Abb. 11.28 und Abb. 11.29). Bringen Sie die Zahnräder so in Position, dass sie in die Zahnräder von Motor und Getriebe einhaken. Damit haben Sie zugleich die Mittelposition erreicht.

Im nächsten Arbeitsschritt setzen Sie wieder die Hauptrotorwelle ein (Abb. 11.30). Achten Sie darauf, dass Sie das obere Kugellager wieder in die richtige Position bringen und es mit den Fingern gerade in den Hubschrauberrahmen pressen. Schieben Sie die Rotorwelle ganz nach unten, und schrauben Sie sie unterhalb der Antriebszahnräder an. Das ist nicht ganz einfach, weil Sie mit den Fingern nicht in den Bereich gelangen, wo Sie die Schraube durch das untere Stück der Hauptrotorwelle durchstecken müssen (Abb. 11.31). Sie können außerdem nur bei sehr guten Lichtverhältnissen ausmachen, ob Sie die Welle so gedreht haben, dass Sie wirklich die Schraube durchstecken können. Fassen Sie die Schraube mit einer kleinen Spitzzange am Kopf, und transportieren Sie sie so zum Montageort. Dahinter setzen Sie die Mutter mit einem kleinen Kreuzschraubendreher in den gestanzten Rahmen ein (Abb. 11.32). Sie müssen die Schraube von Beginn an mit dem Steckschlüssel durch das ganze Loch schrauben. Da Ihnen dabei sicher mehrmals die Schraube oder die Mutter herunterfallen werden, machen Sie dies an einem Platz, an dem Sie die heruntergefallenen Teile leicht wieder finden können.

Nachdem Sie die Hauptrotorwelle befestigt haben, brauchen Sie im letzten Arbeitsschritt nur noch den Rotorkopf auf die Welle zu setzen und anzuschrauben (Abb. 11.33). Damit er sich leicht auf die Rotorwelle schieben lässt, richten Sie die Lager zuvor entsprechend aus. Vergessen Sie nicht, die Antriebsstangen der Servos an der Taumelscheibe anzuschrauben, je nach Helikoptermodell sind das drei oder vier Gelenkstangen. Danach ist der Hubschrauber wieder voll betriebsbereit.

12 Passende Akkus richtig handhaben

Der Fachhandel führt Akkus nicht nur in verschiedenen Abmessungen, auch deren technische Eigenschaften unterscheiden sich zum Teil erheblich. Typische Haushaltsakkus geben nur relativ geringe Ströme ab und laden sich nur langsam auf. Dadurch eignen sie sich nicht für den RC-Modellbau und kommen nur für den Betrieb der Fernsteuerungen infrage. Für den RC-Modellbau, vor allem für Hubschrauber und Flächenflugzeuge, sind Akkus erforderlich, die kurzzeitig die Entnahme sehr hoher Ströme zulassen und schnellladefähig sind. Diese Anforderungen bedienen verschiedene Akkutypen, wie Nickel-Metallhydrid- oder Lithium-Polymer-Akkus, die dieses Kapitel näher betrachtet.

Was ist die Kapazität eines Akkus?

Sie ist mit dem Inhalt eines Weinfasses vergleichbar. Mit der Zeit wird allerdings nicht der Wein, sondern der Strom weniger. Die Kapazität gibt also an, wie lange der Akku ein elektrisches Gerät mit Strom versorgen kann. Sie wird mit Ampere mal Stunden (Ah) angegeben. Dazu ein Beispiel: Eine Autobatterie mit einer Stromspeicherkapazität von 60 Ah kann entweder 60 Stunden lang 1 Ampere (A), 30 Stunden 2 A oder 10 Stunden 6 A Strom liefern. Ganz so haargenau klappt es mit der Berechnung in der Praxis aber nicht, weil der Akku einen elektronischen Tiefentladeschutz besitzt. Dieser trennt alle Stromverbraucher vom Akku, sobald seine Spannung unter die Tiefentladeschwelle sinkt. Die elektrischen Geräte werden erst dann automatisch wieder eingeschaltet, wenn die Akkuspannung etwas gestiegen ist.

Die im Modellbau verwendete Kapazität ist häufig in Milliamperestunden (mAh) angegeben. Milli steht dabei für 10^{-3}, gemeint ist ein Tausendstel oder der Faktor 0,001. Ein Strom von beispielsweise 2.000 mA entspricht also 2 A.

Mit Nenn-, Betriebs- und Leerlauf-Spannung auf Du und Du

Hersteller geben für Akkus die Zellenspannung an. Gemeint ist die Nennspannung pro Akkuzelle, die anliegt, wenn ein Stromverbraucher angeschlossen ist. Addiert man alle Zellenspannungen, erhält man die Betriebsspannung, die der Akku liefert. Angenommen Sie haben einen Nickel-Metallhydrid-Akku, in den vier Zellen eingebaut sind. Da die Zellenspannung bei 1,2 V liegt, beträgt die Betriebsspannung 4,8 V. Davon ist die Leerlaufspannung zu unterscheiden, die etwas höher ist, wenn der Akku voll aufgeladen ist. Gemeint ist die Spannung, die an den Akkuanschlüssen anliegt, wenn kein Stromverbraucher angeschlossen ist, also kein elektrischer Strom fließt.

12.1 Nickel-Metallhydrid-Akkus

Der Nickel-Metallhydrid-Akku, kurz NiMH-Akku, kann größere Energiemengen speichern. Dieser Akkutyp hat eine mehr als doppelt so hohe Energiedichte wie eine Nickel-Cadmium-Zelle (NiCd-Zelle) und erlaubt die Entnahme hoher Ströme. Übliche Batterien speichern nur etwas mehr als die Hälfte der Energie eines Nickel-Metallhydrid-Akkus. Modellbauhobbyisten können deshalb mit einer Akku-Ladung zweimal so lange ihrer Leidenschaft nachgehen wie mit älteren Nickel-Cadmium-Akkus. NiHM-Akkus lassen zwar mit rund 300 bis 600 Ladezyklen nur etwa die Hälfte der alten NiCd-

Kennwerte: NiMH-Akku	
Abkürzung	NiMH
Zellenspannung	1,2 V
Minimale Zellen-Entladespannung	0,9 V
Ladezyklen	300 bis 600
Entladestrom	bis 15 C
Monatliche Selbstentladung	30 Prozent der Nennkapazität

Zellen zu. Wegen ihrer längeren Nutzungszeit gleicht sich das aber wieder aus.

Diesen Vorteilen stehen ein paar Nachteile entgegen. NiMH-Akkus sind behutsam zu behandeln und nicht für den Flugbetrieb bei tiefen Temperaturen geeignet. Schon bei rund Null Grad Celsius haben sie einen deutlichen Kapazitätsverlust, der die Laufzeit einer Akkuladung erheblich verkürzt. Bei noch tieferen Temperaturen können diese Stromspeicher völlig unbrauchbar werden. Da NiMH-Akkus generell eine hohe Selbstentladung haben, sollte man sie erst kurz vor dem Flug laden. Man muss sie außerdem vor Über- und Tiefentladung und Überhitzung schützen. Sollte sich durch einen falschen Umgang die Kapazität verringert haben, kann man diese wieder erhöhen. Dazu entladen Sie den Akku mit einem angeschlossenen Stromverbraucher auf 1,0 V und laden ihn anschließend schonend wieder auf.

Abb. 12.1 – NiMH-Akkublock

Nickel-Metallhydrid-Akkus haben eine Zellenspannung von 1,2 V. Ein Motor mit einer Nennspannung von 7,2 V benötigt deshalb einen NiMH-Akku mit sechs Zellen. Da die Motoren auch mit etwas höheren Spannungen zuverlässig arbeiten, würde der Motor auch mit einer Spannung von 8,4 V laufen. Diese Toleranzen sind wichtig, da moderne Lithiumakkus höhere Zellenspannungen haben (Kapitel 12.3). Ein zweizelliger Lithium-Polymer-Akku (LiPo) liefert beispielsweise eine Nennspannung von 7,4 V.

12.1.1 Tipps zum Aufbewahren

Neue Nickel-Metallhydrid-Akkus sind bereits ab Werk zu 50 bis 60 Prozent aufgeladen. Dadurch ist die Selbstentladung der Zellen gering und nimmt mit sinkender Zellenspannung weiter ab. NiMH-Akkus sollte man bei Temperaturen von unter 20 Grad aufbewahren, da eine kalte Umgebung die Selbstentladung und die Korrosion der Elektroden verringert. Das erlaubt, die Akkus lange zu lagern. Sie sollten einen NiMH-Akku außerdem niemals voll entladen aufbewahren. Ob Sie dagegen den Akku voll oder nur teilweise aufgeladen lagern, ist egal. Nicht voll geladene Akkus stellen nach längerer Lagerzeit nach dem ersten Laden sofort wieder die volle Spannung und Kapazität bereit.

12.2 Lithium-Ionen-Akkus

Die Akkus sind in RC-Modellen kaum mehr anzutreffen und wurden weitgehend von Lithium-Polymer-Akkus verdrängt. Li-Ion-Akkus haben eine Zellenspannung von 3,6 V und kommen im Gegensatz zu Nickel-Metallhydrid-Akkus und Haushaltsbatterien ohne festes Gehäuse in Normgrößen aus. Der Akkutyp zeichnet sich durch eine sehr hohe Energiedichte und eine konstante Spannung aus, die

Was ist der C-Wert?

RC-Helis brauchen beim Steigflug oder bei Beschleunigung hohe Stromstärken, die der Akku bereitstellen muss, ohne Schaden zu nehmen. Die zulässigen Entladeströme sind auf den RC-Akkus aber nur zum Teil im Klartext aufgedruckt. Vor allem bei Lithiumakkus ist stattdessen oft ein sogenannter C-Wert angegeben, zum Beispiel „20 C". Diese Zahl ist ein Multiplikationsfaktor, der sich auf die Akkukapazität bezieht und allgemeine Angaben über Lade- und Entladeströme macht. Auf den Akkus sind deshalb gesonderte C-Werte für die Lade- und Entladeströme angegeben. Die Ladeströme bewegen sich meist zwischen 1 C und 2 C.

Nun drei Rechenbeispiele, um den Entladestrom zu bestimmen. Wenn der Akku eine Kapazität 1.800 mAh oder 1,8 Ah hat, wird für den C-Wert eine Stromstärke von 1,8 A abgeleitet. Um den maximalen Entladestrom zu ermitteln, müssen Sie diesen Wert mit dem Multiplikationsfaktor, in diesem Fall 20, multiplizieren. Für den Beispielakku ergibt sich damit ein maximaler Entladestrom von 1,8 A x 20 = 36 A (Abb. 12.2). Würde der Akku dagegen eine Kapazität von 1.000 mAh bei einem C-Wert von 20 zulassen, könnte man nur 20 A entnehmen, da die für den C-Wert abgeleitete Stromstärke bei 1 A liegt. Hätte dieser Akku einen C-Wert von 12, würde der zulässige Entladestrom 1 A x 12 = 12 A betragen (Abb. 12.3).

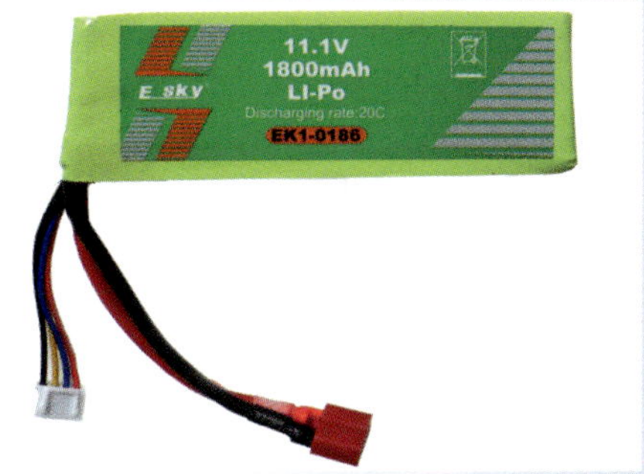

Abb. 12.2 – Dieser 1.800-mAh-Akku lässt einen maximalen Entladestrom von 20 C und damit 36 A zu.

Abb. 12.3 – Dieser Akku erlaubt einen maximalen Entladestrom von 12 A.

Kennwerte: Li-Ion-Akku	
Abkürzung	Li-Ion
Zellenspannung	3,6 V
Minimale Zellen-Entladespannung	2,5 V
Ladezyklen	200 bis 500
Entladestrom	bis cirka 12 C
Monatliche Selbstentladung	8 Prozent der Nennkapazität

er über den gesamten Entladezeitraum ausgibt. Er punktet mit geringer Selbstentladung, und die Zellen haben einen hohen Wirkungsgrad von bis zu 96 Prozent. Der Wirkungsgrad sinkt bei geringen Temperaturen allerdings stark ab. RC-Modellsportler schätzen Lithium-Ionen-Akkus wegen ihrer extrem kleinen und leichten Bauformen. Moderne Konion-Li-Lion-Akkus erlauben eine Dauerbelastung von 12 C und einen kurzzeitigen Spitzenstrom von 20 C.

12.2.1 Richtig nutzen und lagern

Die Lebensdauer dieser Akkus hängt stark von der Art der Nutzung ab. Li-Ion-Akkus kennen zwar keinen Memory-Effekt, gemeint ist ein Kapazitätsverlust durch häufige Teilentladung. Ihre Lebensdauer wird aber durch andere Einflüsse verringert. Dazu gehören hohe Lager- und/oder Betriebstemperaturen, hohe Lade- oder Entladeströme und Tiefentladungen. Lithium-Ionen-Akkus reagieren empfindlich auf Überladungen und Überlastungen und können dadurch von einem Moment auf den anderen ausfallen. Bei Überlastung beginnen sie zu gasen und können dabei sogar explodieren! Eine Ausnahme bilden Konion-Akkus, die in ein zylindrisches Metallgehäuse eingebaut sind und eine Temperatursicherung besitzen, die den Stromfluss bei Fehlbedienung unterbricht. Dadurch kann der Akku bei Überlastung oder Kurzschluss weder brennen noch explodieren.

Li-Ion-Akkus darf man weder im entladenen Zustand noch voll aufgeladen aufbewahren, damit sie nicht vorzeitig altern. Braucht man sie länger nicht, sind sie halb aufgeladen bei tiefen Temperaturen zu lagern. Ihre Zellenspannung darf keinesfalls unter 2,5 V sinken.

Zum Laden von Li-Ion-Akkus sind spezielle Ladestationen erforderlich, die für das Laden dieses Akkutyps ausgelegt sind. Sie steuern den Ladestrom und überwachen die exakt einzuhaltende Lade-Schlussspannung von 4,2 V.

12.3 Lithium-Polymer-Akkus

Diese Akkus sind eine Weiterentwicklung der Lithium-Ionen-Akkus. Sie sind in RC-Modellbau-Kreisen weit verbreitet und besser unter der Abkürzung LiPo bekannt. RC-Elektrohubschrauber werden fast ausnahmslos mit LiPo-Akkus geflogen, die auch in Startersets enthalten sind. Die Schichtbauweise ermöglicht es, sie in sehr dünner und beliebiger Form herzustellen. Eine LiPo-Zelle liefert eine Nennspannung von 3,7 V, ihre Maximalspannung beträgt im voll aufgeladenen Zustand 4,2 V. Da die Zellenspannung für die meisten RC-Modelle zu gering ist, sind in einem Akku meist mehrere Zellen zusammengeschaltet. Die Entlade-Schlussspannung liegt bei 3,0 V und darf keinesfalls unterschritten werden. Ein LiPo hat eine Lebensdauer von rund 200 bis 500 Ladezyklen, ohne in dieser Zeit merklich an Leistung zu verlieren.

LiPo-Akkus haben mit einem roten und einem schwarzen Draht zwei dicke Anschlusskabel, die das Flugmodell mit Strom versorgen. Die großen Leiterquerschnitte sind wegen der teils sehr hohen Stromflüsse erforderlich, um einen Spannungsabfall zu verhindern. Der LiPo besitzt zusätzlich ein mehrpoliges Anschlusskabel aus

Abb. 12.4 – LiPo-Akkus gibt es in allen erdenklichen Formen und Größen.

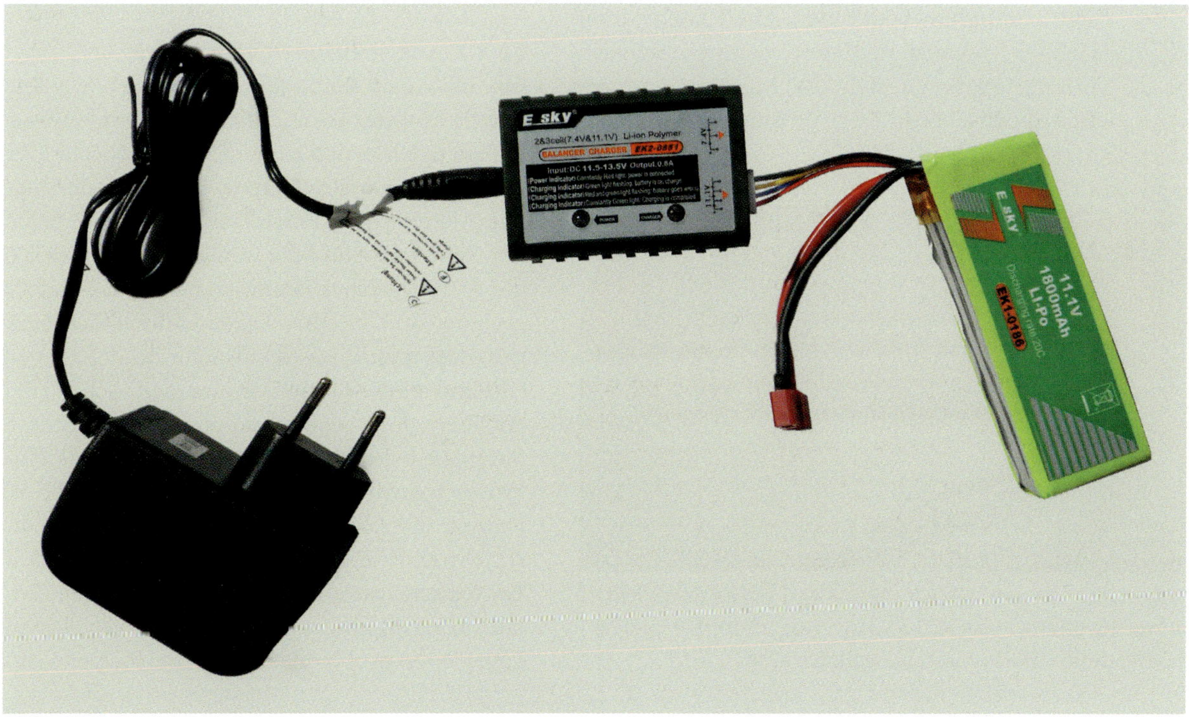

Abb. 12.5 – Das Ladegerät zwischen 230-V-Netzstecker und LiPo erlaubt durch den eingebauten Balancer schonendes Laden.

Kennwerte: LiPo-Akku

Abkürzung	LiPo
Zellenspannung	3,7 V
Minimale Zellen-Entladespannung	3,0 V
Ladezyklen	200 bis 500
Entladestrom	bis zu 50 C
Monatliche Selbstentladung	8 Prozent der Nennkapazität

feinen Drähten mit einem kleinen Stecker. Dieser sogenannte Balancer-Anschluss ist erforderlich, um den Akku mit geeigneten Ladegeräten schonend aufzuladen (Abb. 12.4). Schnellladungen sind mit dem Balancer-Kabel nicht möglich.

12.3.1 Entladung beim Flugbetrieb beachten

In RC-Modelle, die mit Lithium-Akkus betrieben werden, ist meist eine Spannungsüberwachung eingebaut. Diese elektronische Regelung soll verhindern, dass der Akku nicht über Gebühr entladen wird und dadurch Schaden nimmt. Während sich die Motoren von am Boden betriebenen RC-Fahrzeugen beim Erreichen der zulässigen Mindestspannung abschalten, ist dies vor allem bei Modellhelikoptern nicht möglich. Denn ein abgeschalteter Strom würde den Hubschrauber wie einen Stein zu Boden fallen lassen. Deshalb verringern die Regelungen von RC-Hubschraubern die maximal erreichbare Drehzahl des Rotors. Dadurch verliert das Fluggerät zwar kontinuierlich an Höhe, lässt sich aber noch weiter steuern und behutsam landen. In kleinere, vor allem für den Indoor-Betrieb vorgesehene RC-Hubschrauber ist dagegen eine LED eingebaut. Sie leuchtet bei ausreichender Spannung kontinuierlich und beginnt bei Erreichen der Mindestspannung zu blinken – quasi als mahnendes Zeichen, den Heli augenblicklich zu landen und seinen Akku aufzuladen. Die Modelle lassen sich zwar nach einer erzwungenen Abschaltung für kurze Zeit wieder in Betrieb nehmen. Dabei wird allerdings die letzte Energie aus dem Akku geholt. Er kann dadurch tiefentladen werden, was dauerhafte Schäden nach sich zieht.

Abb. 12.6 – Dieser 18,5-V-LiPo-Akku eignet sich mit seiner Kapazität von 4.000 mAh vor allem für große RC-Modelle. (Bild: www.ac-helistore.de)

12.3.2 Die richtige Pflege

Ein LiPo darf keinesfalls tiefentladen werden. Wurde er unter seine Entlade-Schlussspannung entladen, wirkt sich das erst beim nächsten Flug durch eine stark verkürzte Betriebsdauer aus. Die Akkukapazität kann rasch auf 50 Prozent der Nennkapazität oder weniger abfallen, sodass der Stromspeicher kaum noch für RC-Modelle geeignet ist. Um einer Tiefentladung vorzubeugen, darf man LiPo-Akkus nicht im entladenen Zustand aufbewahren. Sie würden sich weiter entladen und dabei kaputtgehen. Möchten Sie nicht benötigte LiPo-Akkus länger als eine Woche lagern, sollten Sie sie vorher auf rund 50 Prozent ihrer Nennkapazität aufladen. Das entspricht einer Zellenspannung von rund 3,85 V. Bei diesem Ladezustand ist der chemische Zerfall am geringsten, sodass der Akku auch längere Lagerzeiten problemlos übersteht.

13 Tipps zur Auswahl der Ladestation

In RC-Hubschrauber-Sets sind bereits Ladestationen enthalten, die auf die beigepackten Lithium-Polymer-Akkus abgestimmt sind. Die Ladegeräte haben etwa die Größe einer Zigarettenschachtel und erfüllen nur Minimalanforderungen. Meist haben sie nur ein oder zwei Balancer-Anschlüsse und liefern nur einen vorgegebenen Ladestrom, den Sie bei einigen Geräten mit einem Potentiometer grob einstellen können. Meist kann man die technischen Daten der Ladegeräte vom Typenschild ablesen. Einige unter die Lupe genommene RC-Hubschrauber-Sets enthalten Ladegeräte, die zwei- und dreizellige LiPo-Akkus mit einen Ladestrom von rund 1,0 A laden. Einem Heli wurde ein Ladegerät in Form einer Blackbox beigepackt, in die nur zwei LEDs eingebaut sind, die den Betriebszustand anzeigen. Welcher Ladestrom bereitgestellt wird, bleibt ein Geheimnis. Die mitgelieferten Ladegeräte eignen sich nur für kleine Akkus und sorgen für eher lange Ladezeiten. Minderwertige LiPo-Akkus sind am geringen maximalen Ladestrom zu erkennen, der mitunter nur 0,6 C beträgt. Einen 1.800-mAh-Akku können Sie damit in rund 110 Minuten aufladen. Zeitgemäße Akkus erlauben meist einen Ladestrom von 1 C, einige sogar bis zu 2 C (vgl. zum C-Wert Kapitel 12.1). Dadurch verkürzt sich die Ladezeit deutlich auf eine Stunde oder sogar auf 30 Minuten. Um von den Schnelllademöglichkeiten moderner Akkus zu profitieren, sind höherwertige Ladestationen erforderlich. Ihr Kauf steht spätestens an, nachdem man sein Modell mit einem besseren Akku ausgestattet hat, der oft auch eine höhere Kapazität hat und längere Flugzeiten erlaubt.

13.1 Profi-Ladestationen

Hochwertige Ladestationen für den RC-Modellbau sind im Fachhandel erhältlich. Diese Tischgeräte kann man an der 230-V-Steckdose ebenso betreiben wie am 12-V-Bordnetz des Autos, und sie sind für alle Akkutypen ausgelegt. Sie laden LiPo-, NiMH-, NiCd- und oft auch Li-Ion-Akkus und weitere Typen (Kapitel 12). Modelle ab der gehobenen Mittelklasse haben ein Display und sind programmierbar.

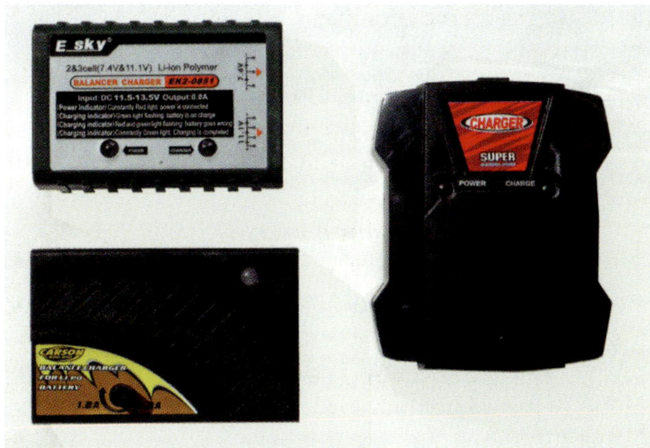

Abb. 13.1 – Einfache Ladegeräte aus RC-Helikopter-Startersets, die sich nur für den mitgelieferten Akku eignen.

Abb. 13.2 – Ladegerät für LiPo-Akkus mit zwei oder drei Zellen.

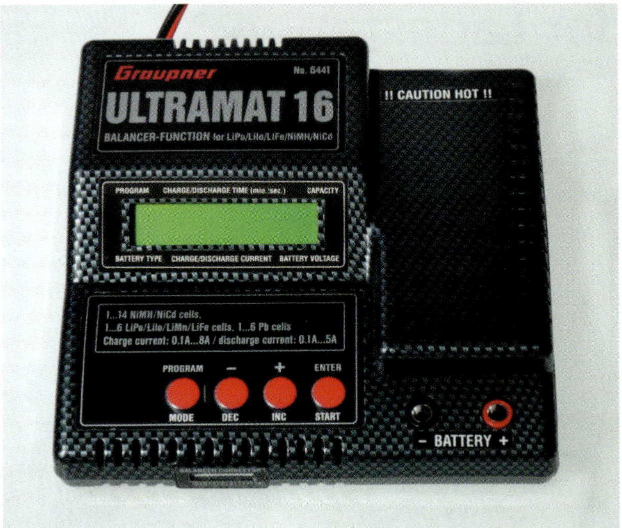

Abb. 13.3 – Hochwertige Ladestation.

Sie laden bis zu 14-zellige NiCd- und NiMH-Akkus und bis zu 6-zellige LiPo-Akkus auf. Die Ladeströme und Ladespannungen sind genau einstellbar und werden fortlaufend überwacht. Dadurch ist eine optimale Ladung garantiert, die exakt auf die technischen Möglichkeiten des angeschlossenen Akkus abgestimmt ist. Der Akku dankt es mit einer maximalen Lebensdauer und maximalen Betriebszeiten. Die Profi-Ladestationen ermöglichen auch Schnellladungen, die den Akku trotzdem nicht überlasten. Dazu sind in die Ladestation zusätzlich zu den Balancer-Anschlüssen Hochstrombuchsen eingebaut, an die man die Akkus mit Adapterkabel andockt. Entladeprogramme helfen außerdem, schon etwas mitgenommene Stromspeicher wieder auf Vordermann zu bringen.

Mit den programmierbaren Lade- und Entlade-Parametern können Sie alle Akkutypen optimal für längere Lagerzeiten vorbereiten. Schließlich kann man mit der Profi-Ladestation auch die Akkus der Fernsteuerung laden. Dabei ist es egal, ob man RC-Fernsteuer-Akkus oder normale Mignon-Haushalts-Akkus verwendet.

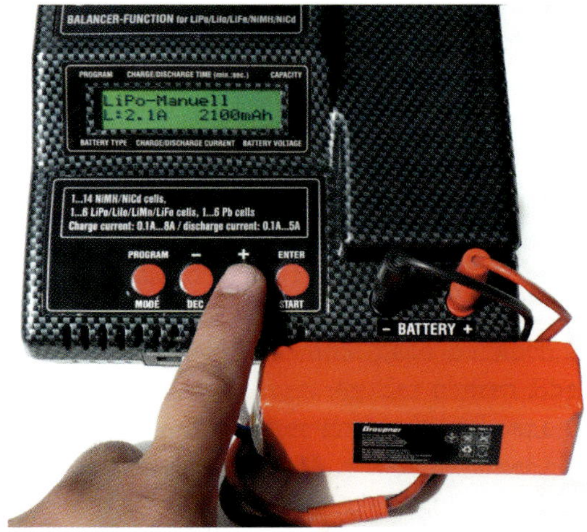

Abb. 13.4 – Die Ladestation wird auf den zu ladenden LiPo-Akku programmiert.

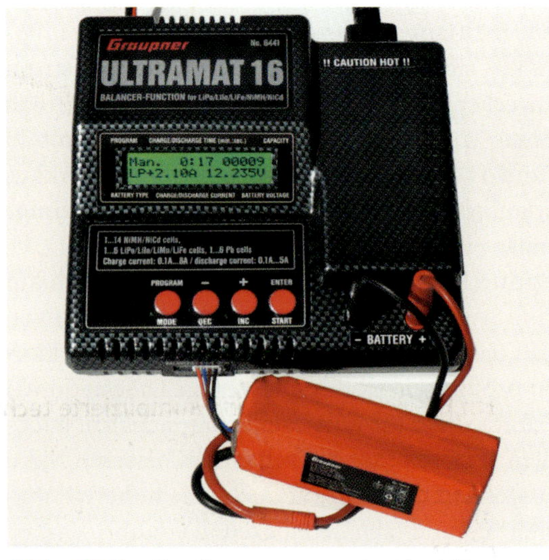

Abb. 13.5 – Fertig programmierter LiPo-Akku.

Thomas Riegler
Mit exklusiven Videos auf DVD:
RC-Flugmodelle richtig montieren, steuern und fliegen
RC-Flugmodelle
richtig fliegen
Schritt für Schritt zum Flugerfolg
FRANZIS

Die DVD-Reihe für alle Modellbaufans
DVD
Direkt von DVD lauffähig!
DVD-Workshop
RC-Helikopter
richtig einstellen und tunen
17 verschiedene Workshops für den Modellpiloten
INFO-PROGRAMM gemäß §14 JuSchG
Etwa 60 Minuten Video-Training zur Verbesserung der Flugeigenschaften eines RC-Helikopters
FRANZIS